A LITTLE BOOK OF
COINCIDENCE
IN THE SOLAR SYSTEM

宇宙巧合理论

THE BEAUTY OF SCIENCE

科学之美

［英］约翰·马蒂诺————著　涂思茜————译

湖南科学技术出版社　长沙

A LITTLE BOOK OF
COINCIDENCE
IN THE SOLAR SYSTEM

John Martineau

BLOOMSBURY
NEW YORK · LONDON · NEW DELHI · SYDNEY

WOODEN
BOOKS

Published by
Bloomsbury USA, New York

All papers used by Bloomsbury USA are natural, recyclable products made from wood grown in well-managed forests. The manufacturing processes conform to the environmental regulations of the country of origin.

Library of Congress Cataloging-in-Publication Data
has been applied for.

ISBN-13: 978-0-8027-1388-9

First U.S. edition 2001

11

Designed and typeset by
Wooden Books Ltd, Glastonbury, UK

Printed in the U.S.A. by Worzalla,
Stevens Point, Wisconsin

献给那些不幸成长在一个没有神奇宇宙学的世界里的人们，感谢多年来为这个项目做出贡献的许多朋友、同事和其他"疯子"。

注意：本书的准确性以简单的百分比表示。

太阳系无限宇宙的早期设想暗示了类似星系和平行宇宙的重复结构。（摘自托马斯·莱特《宇宙》，1750年）

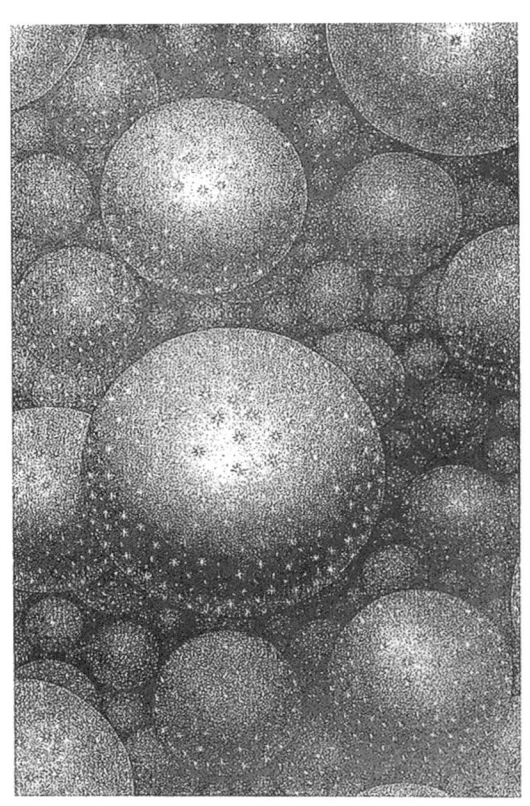

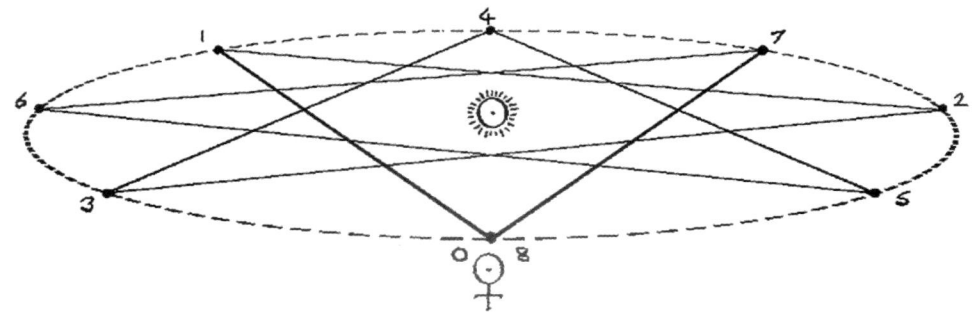

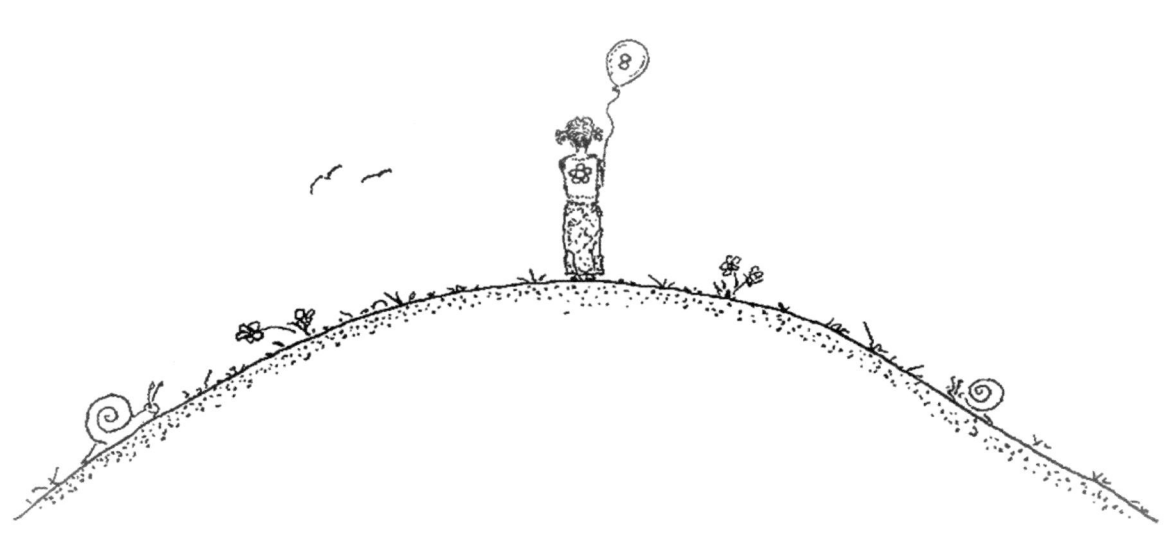

在生日那天的正午爬上山，看着太阳，金星每年都会绕着太阳运行八分之三圈，在 8 年内画出一个完美的八芒星图案。

以书为镜，照见生命之美

张放平

时值 2025 年孟夏，万物竞秀，百卉争芳。我不禁想起岳麓书院里那副著名的对联："惟楚有材，于斯为盛。"这历经千年的文脉传承，不仅是湖湘文化的底色，亦是今日中国美育之根基。值此"智趣新美育"书系付梓之际，我愿以一名资深教育工作者与读者的双重身份，与诸位分享美育的星辰大海与烟火人间。

时下，人工智能已席卷而至，ChatGPT 能写诗，Midjourney 可作画，AlphaFold 能破解生命密码……然而，大家想过没有，当技术洪流裹挟一切，人类何以自持？答案恰如德国诗人弗里德里希·席勒所言："于是通过美，人们才可以走向自由。"美的教育，正是那艘搭载我们穿越工具理性与数据迷雾的方舟。

2020 年 10 月，中共中央办公厅、国务院办公厅印发《关于全面加强和改进新时代学校美育工作的意见》，明确提出"以美育人、以美化人、以美培元"的育人目标，要求进一步强化学校美育育人功能，构建德智体美劳全面培养的教育体系。

政策之重，源于时代之需。我们培养的下一代，不应是"答题机器"，而应是脚踏大地、心有繁花的"完整的人"——既能用理性探索科学之美，又能以感性触摸文学之韵；既能立足本土文化根脉，又能对话全球艺术经典。这也正是本书系命名为"智趣新美育"的深意所在：智慧与趣味并重，传统与创新交融。

这套书系，绝非传统美育读物的简单汇编。编撰之初，我们便定下三条标准：

其一，分层设计，让美育"有梯度"。本书系精选 50 部经典图书，有科学的分层设计（小学 1—2 年级、小学 3—4 年级、小学 5—6 年级、初中、高中），注重年龄适配性和学科贯通性。小学低年级重在感受自然的美、生活的美，激发他们对所处世界的好奇心；小学中、高年级以认识美、发现美为主，培养他们学习和探究的兴趣；初、高中阶段则增加了一些青少年也能读懂的研究类图书，着力于培养他们创造美的能力。

其二，打破边界，让美育"无藩篱"。本书系涵盖文学、科技、哲学、艺术等多个领域，突破传统美育读物"知识汇编"模式，兼顾文化根脉与全球视野，帮助读者构建新的知识体系，培养新时代的复合型思维，以期实现审美素养与人文底蕴的双重提升。这种跨学科融合，标志着学习方式和阅读需求的变革，恰如湖南省教育厅厅长夏智伦所言："打造阅读与音乐、美术、舞蹈、影视、戏剧等深度融合的美育新场景，让美育成为各学科交汇的磁场。"

其三，趣味赋能，让美育"接地气"。本书系倡导和利用多媒体技术，增强阅读中的互动功能，注重知识延伸与活动拓展，特别是突出了中华优秀传统文化、非遗文化及湖湘特色，拒绝"填鸭式"说教，强调"体验式"浸润，贴近学生日常生活。它既有浓厚的人文性，又有强烈的趣味性；既保证了知识覆盖面，又避免了内容泛化，无谓增加学生负担，从而形成有效学习、快乐学习的弹性结构。

有人提出疑问："美育能提高考试分数吗？"我的回答是：美育本不为应试，却能为生命"加分"。

俄罗斯哲学家、美学家车尔尼雪夫斯基认为，"美是生活"。教育也必然向美而生。我们精选、精编这套书系，就是为了让广大青少年和儿童的阅读从知识汇编转变为生命对话，从应试教育跃升至终身滋养，从算法时代返回到心灵原乡。

我们相信，当美的教育与生活紧密结合，与时代血脉相连，它便不再是试卷上的选择题，而是生命中的进行时。

三湘大地，自古便是书香与美育的沃土。王船山先生曾言："立人道之极。"今日我们更需以书香立世，以美育立心。愿这套书系有如渡船，载着广大青少年和儿童驶向美的彼岸；有如星火，点亮每一颗向往真善美的心。

谨以辛弃疾的词句作结："我见青山多妩媚，料青山见我应如是。"愿每一位湖湘学子，都能在阅读中找到美的真谛，都能在书中照见自己的妩媚青山。

是为序。

（作者系国家教育咨询委员会委员，湖南省教育厅原党组书记、原厅长）

美育是一场与童心的重逢

汤素兰

湘江的晨雾里，总浮动着水光墨润。推开窗户，对面蜿蜒、苍翠的岳麓山仿佛打开的书页，我就想起儿时在宁乡青山桥到处找书读的日子：一张残破的报纸、一册没有封面的杂志、一本卷角缺页的《安徒生童话》，都能让我如获至宝。那时的我未曾想到，多年后能以笔为桨，带领千万孩子驶向童话的星海，更未曾想到能与"智趣新美育"书系相遇，让美育的种子借着书香播撒四方。

约翰·济慈说："美是永恒的喜悦。"我认为，这永恒的喜悦乃源于美育是一场与童心的重逢。曾有个孩子问我："笨狼为什么会去孵太阳？"我告诉他："因为童心让我们相信，万物皆有灵。""智趣新美育"书系正是承载着这样的初心——它不是静态的展柜，而是流动的风景；它不是知识的搬运工，而是精神的点火器；它不是简单的阅读，而是美的启蒙。

近年来国家大力推进美育改革，但我想，真正的突破应该不在政策文件里，而是在孩子们渴盼的神情中，在他们发亮的眼眸里。记得在攸县江桥小学"素兰书屋"，一个留守女孩指着《南村传奇》对我说："我们村里也有好多古老的故事，爷爷奶奶跟我说过，我将来也要像您一样把它们写出来。"那个场景永远印在我的心底，它让我明白：美育从来不是空中楼阁，它的根脉深扎于生活沃土。

这套书系共50本，涵盖领域广，内容丰富，选材多样，中华优秀传统文化、自然科学、艺术美学和个人成长等主题均有涉猎，尤其关注跨学科选题，如艺术与科学、人工智能与美育等。目标读者分为五组（小学1—2年级、小学3—4年级、小学5—6年级、初中、高中），各组对应可读性、互动性、体验感俱备的美学读物，既体现了独到的顶层设计，又呈现出创新的阅读体系，是把广大青少年培养成"有美感"的读书人最好的奠基。

一册在手，我们会惊讶地发现：一朵花的颜色险些引发战争，最终却带来了和平；神秘的"非遗文化"，在美育游戏中尽显其千年智慧；二十四节气，是一轴精准呈现一年气候与物候的时间画卷；宇宙万物不仅充满完美的对称，还有无数极具想象力的巧合；羽毛是自然演化的奇迹，它的起源要追溯到亿万年前……还有，中国古建筑的屋顶有多少种，李白会在给他的好朋友杜甫写的信中聊些什么，人工智能究竟是不是万能的，艺术与技术的交汇会产生哪些奇丽的风景，等等。这些因探索和创造而产生的美，这些因美而产生的奇妙的跨界融合与阅读体验，让我们相信，当科学与童话握手，理性与幻想便成了同一枚硬币的两面。

这套"智趣新美育"书系让我看到生长有度的精神阶梯，看到学科边界的悄然消融，看到回归生活的美育终于落地生花——它是传统与未来的对话，是人文与科技的共舞，是美育浸润与生命绽放的交响。

是的，美育从来不在远方，而在弯腰拾起一片落英的瞬间。美育的馈赠，从来不是分数，而是让生命长出光的羽翼。今天我们在孩子心灵里播下美的种子，这种子的力量，足以顶开任何岩石的沉默，开放绚烂的明天。

我相信，"智趣新美育"书系就是这样的种子，也具有这样的力量。

是为序。

（作者系湖南省作家协会主席，湖南师范大学文学院教授，"素兰书屋"发起人）

目录
CONTENTS

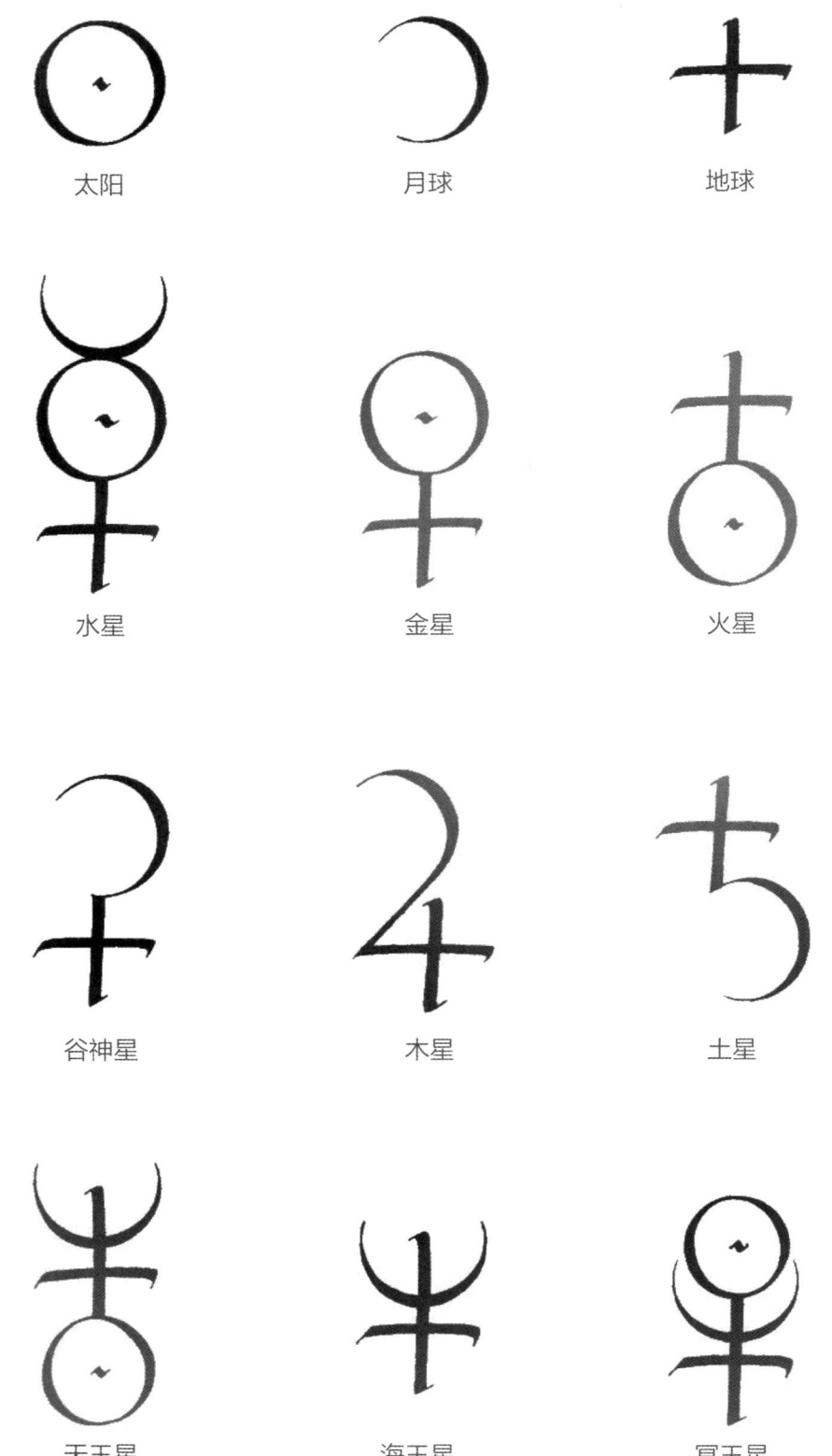

太阳

月球

地球

水星

金星

火星

谷神星

木星

土星

天王星

海王星

冥王星

书中使用的行星符号由马克·米尔斯绘制，代表太阳、月球和地球的符号，构成了其他行星的符号。

现今一般认为，地球在诞生后不久就出现了生物生命。微生物似乎是随着彗星或流星的陨落而来到地球。关于火星和冰冷的木卫二是否有生命存在，以及除地球外，是否还有存在液态水的地方，又掀起了新一轮的猜测。最新的宇宙平面图所描绘的宇宙结构，竟然像一个巨大的神经网络，这暗示着我们，也许"宇宙之心"真的存在——这个古老的概念近期再度流行。

自古希腊和中世纪对行星轨道展开种种设想以来，宇宙科学经历了天翻地覆的变化。不过，虽然科学技术突飞猛进，地球依旧是现代人的未解之谜。如何解释有意识生命的奇迹，以及我们身处的宇宙中的众多巧合，至今仍缺乏令人信服的现代理论。也许这两者有所关联。本书可不只是又一本太阳系的袖珍指南。书中提出，在空间、时间和生命之间，可能存在某些人类尚未理解的基本关系。

当前，我们扫描天域以收听智能无线电信号并不断探寻着类地行星。与此同时，离我们最近的行星围绕地球运行，在时空中画出极为精妙的图案，对此没有科学家能够给出明确的解释。这一切只是巧合吗？为什么太阳和月亮在天空中看起来一样大？金星之数，为何也出现于地球上的植物？读下去，你也许就有思路啦！

星尘 / 密切协调的宇宙
GALACTIC DUST
THE WELL-TUNED UNIVERSE

　　宇宙每时每刻都在发生变化。在我们的时空视界中，漫天的星体犹如遍地的沙砾。人类所在的地球和人类自身，都源自于重组的星尘物质——各种古老文明都如是教导。我们已经知道，构成星尘的基本粒子被称为泡沫球（fizzballs）。这是一种协调密切的、闪烁的光漩涡，在很早以前被挤压至星体内部。我们生存在微观与宏观之间，处于宇宙中的某个时间和某个位置上，此时此处的物质已经凝缩、结晶、成形，彼此协调并达到稳定。

　　在宇宙中，人类和地球究竟有多特殊？有趣的是，科学家们正苦恼于一个奇怪的事实，即整个宇宙似乎都很特殊：恰好有足够的材料使宇宙保持稳定；基本力的比率似乎经过特定调试一般，产生了一个高度复杂、异常美丽并且永续不朽的宇宙。若是变动其中任何一个常量，哪怕只是极微小的变动，那么宇宙就只是一个遍布黑洞、脆弱虚幻的泡泡球，或其他无生命的组织。这是特意的设计还是偶然的巧合？也许我们的宇宙是某个上代宇宙的后代，继承了完美的结构？柏拉图的哲学思想启发我们思考，量子纠缠现象是否与意识存在深层关联？

　　寻找宇宙中的秩序、模式和意义的故事可谓历史悠久。对于太阳系的行星，一直以来我们都怀疑它们隐藏着秘密。在古代，专注于此的学生会思索"天体之乐"（Music of the Spheres，毕达哥拉斯认为恒星和行星在天体中做有规则运动时能够发出音乐般的声音）。今天的我们，则有简洁精确的开普勒定律、牛顿定律和爱因斯坦定律。

　　猜猜下一个诞生的会是什么呢？

你所在的位置

太阳系 / **无处不在的螺旋**
THE SOLAR SYSTEM
SPIRALS EVERYWHERE

大约 50 亿年前，我们的太阳系似乎从一个早期版本的残骸中凝结而成。太阳在中心出现，残余物质互相吸引，形成岩态小行星。较轻的气体被太阳风吹散，凝结成 4 个气态巨行星：木星、土星、海王星和天王星。太阳系内部的星子逐渐聚合形成行星，随着规模不断扩大，最后的碎片携带越来越多的能量飞至目前的位置（许多至今保留着因碰撞而熔化的内核）。轨道共振将行星推拉至新轨道，太阳系才得以形成我们今天看到的模样——稳定的圆盘形态。

太阳系平面相对于银河系平面约呈 30° 倾斜，并沿银河系旋臂以螺旋状前进。第 05 页上图（来自 Windelius & Tucker）中，展示了 4 个内行星的运动轨迹。

还有另一种描绘太阳系的方式。将时空想象成一张胶皮，太阳是一个沉重的球，行星则如同弹珠，它们一同被置于胶皮之上（见第 05 页下图，来自 Murchie）。这是爱因斯坦提出的物质弯曲时空的模型，有助于将不同质量之间的引力形象化。如果将一粒光滑的豌豆弹到我们的胶皮上，它会轻易地被其中一颗弹珠捕获，或来回旋转数次后被弹出，又或者进入通往任何一个虫洞的椭圆形轨道当中。如同行星一样，随着豌豆进入漏斗深处，绕行速度必须不断加快以免掉进管中，并且转速越高，漏斗就变得越重，它的时间就稍稍变慢。

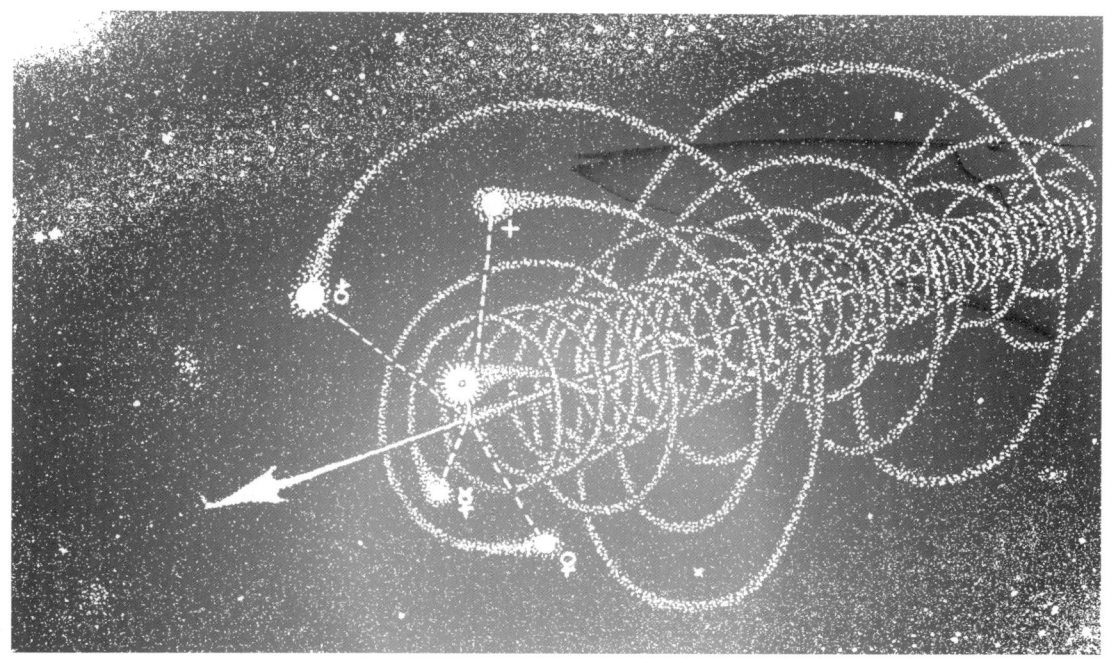

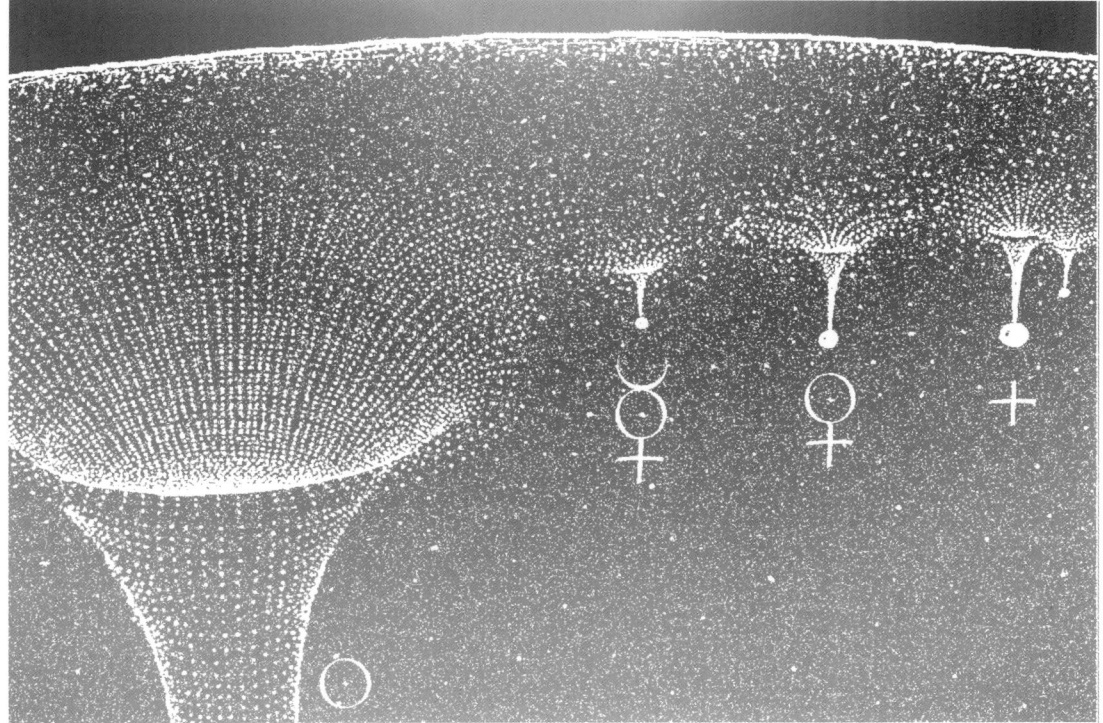

逆行运动 / **行星的亲密接触**
RETROGRADE MOTION
RUNNING KISSING AROUND

　　古代天文学家从地球上观察天空。他们注意到，除了太阳和月亮以外，还有 5 个可见的亮点在恒星之间移动，这些就是行星。它大致在一年中追随着太阳的轨迹，即黄道或黄道带，并绕地球运动。对行星进行一段时间的观察，你会发现它们并不以任何一种简单的方式运动，而是像醉醺醺的蜜蜂似的蹒跚回旋。当一颗行星经过或轻触另一颗行星，对于彼此来说，对方在一段时间内就犹如在逆行或倒退。

　　下图展示的是从地球上看一年中水星围绕着沿轨道运行的太阳而运动的模式（Schultz 所绘）；从第 07 页的图中，我们则看到天文学家卡西尼（Cassini,1625—1712 年）于 18 世纪描绘的从地球上观测木星和土星运动的素描图。在古代，人们利用极其复杂的圆和轮的系统来尝试模拟行星运动（见第 07 页下图），其中当数包含 39 个均轮和本轮的托勒密系统最为独特，它模仿了七大天体在 2000 多年前的运动。

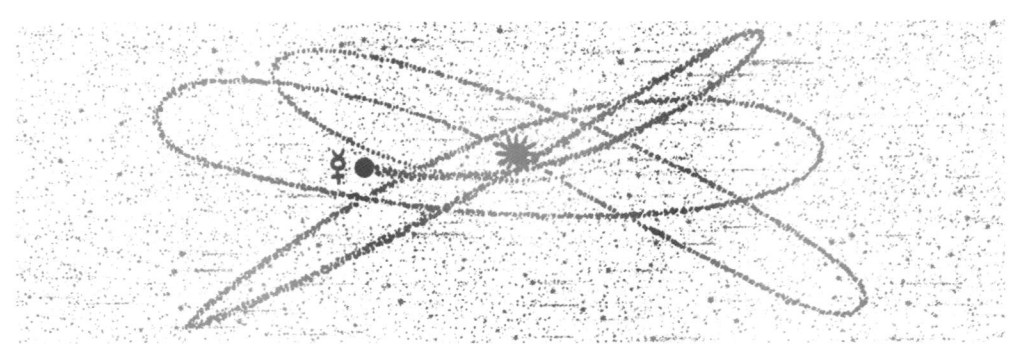

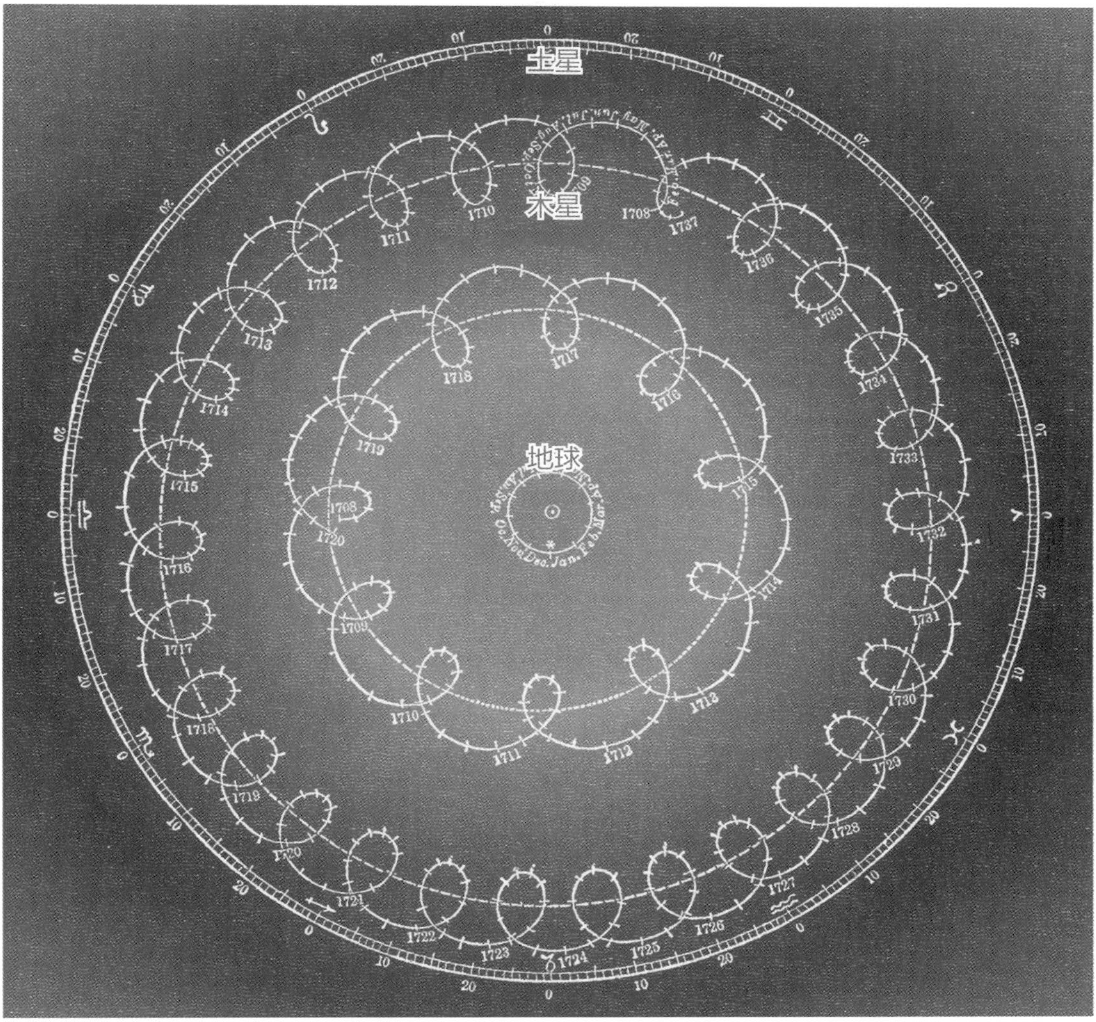

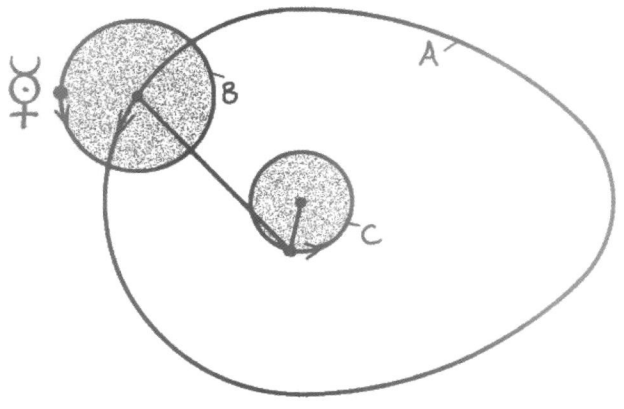

直到 400 年前，人们才采用图中的模型模拟行星运动。A为均轮，B为本轮辅以其他装置来完善，C就是"活动偏心曲柄"，使水星产生了卵形均轮。

历法 / 将日月同步
CALENDARS
SYNCHRONIZING THE SUN AND MOON

看似处于完美平衡的太阳和月亮，实际运行模式相当复杂，长期以来困扰着各种文化中的人们。相邻的两次满月总是间隔 29.53 天，中国的农历以此为基准，所以有的月份有 30 天，有的只有 29 天。无独有偶，在英国的巨石阵外圈中，发现了 30 块石头，其中 1 块石头的宽度，只有另外 29 块的一半，这代表着 29.5 天。

蕴含着历法主题的事物随处可见。比如，一副扑克牌的四种花色，可代表 4 个季节，将各自的点数相加得到 91（1+2+3+4+5+6+7+8+9+10+11+12+13=91），总的点数就是 364。如果将大小王牌合计代表第 365 天，那么一副牌正好代表一年。塔罗牌也隐藏着同样的秘密，月亮和太阳分别以 18、19 代表（见第 37 页），这两个数字是历法的关键。

将太阳历（以地球绕太阳公转的运动周期为基础而制定的历法）和太阴历（以月亮的月相周期来安排的历法）两者结合得最好的，是古玛雅的历法。到公元 3—9 世纪，玛雅人的记日系统采用了以 260 天为周期的卓尔金历、以 365 天为周期的哈布历和一种以 819 天为周期的神秘历法。第 09 页中杰弗·斯垂伊（Geoff Stray，研究玛雅历法的先驱者之一）所作的图解，是厚积薄发的诠释——通俗易懂的科普，有赖于科学家的充分准备。

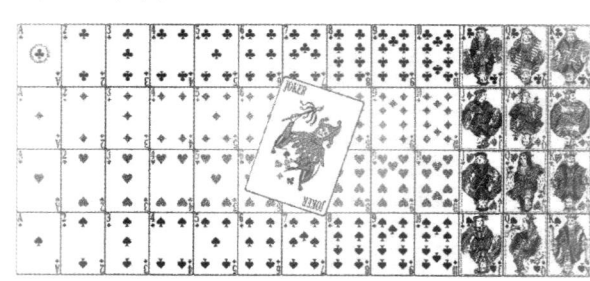

金星会合年584天

哈布历 365天

火星会合年780天

卓尔金历 260天

13次满月 384天

食季间隔 173.3天

819天周期

土星会合年378天

木星会合年399天

比例模型

直径的长短，以周期天数的多少来衡量。深色标记旁边的数字，是每对动轮在再次对齐之前所转动的次数。比如代表卓尔金历的转轮和代表哈布历的转轮，分别转动52和73圈才能重新达成同步。

会合年是指从地球上看，一个行星从太阳后面经过（即被挡住）的平均时间。食年是指太阳从月球轨道面（白道面）和黄道面交线出发，再回到此交线所经过的时间。一个食年有两个食季（可能发生日食的期间）。

增加了13次满月的转轮，删除了364天为一年的模型。

（注：260:364:780=5:7:15，364:819=4:9）

七的秘密／行星、金属与一周七天
THE SECRET OF SEVENS
PLANETS, METALS AND DAYS OF THE WEEK

第 11 页图中的内容，数千年来一直是西方世界宇宙科学与宗教思想的基石，直到近四百年前依然如此。今天看来，这些古代七重系统的符号，古朴而有趣，像是在提醒我们，不要忘了埋藏于新发现的行星和物理原理之下的炼金术宇宙论。

这一体系中共有 7 个清晰可见的运动天体，可能是按照它们相对于固定的恒星的表观速度而围绕着七边形进行排列。看起来月亮运行得最快，其后依次是水星、金星、太阳、火星、木星和土星（第 11 页左上图）。每个行星归属于一周中的一天，这在各种语言中多有体现。至于 7 天的排序，则由七芒星指定（七芒星是基督教用来象征创世七天的符号，被认为有驱除妖魔的力量，也被炼金术士和占星师广泛使用，见第 11 页右上图所示）。这些行星以诸神命名，其所属那一日的古老英文名称有 Wotan's day［沃坦（奥丁）之日即周三］、Thor's day（雷神索尔之日即周四）和 Freya's day（美与爱之神之日即周五）等。

古代的人们，由七种已知金属的化合物引发了色彩联想，并将它们与七大行星一一对应。例如，金星与蓝绿色的碱式碳酸铜联系在一起。学习炼金术的学生们，会在锻造更加精细的物质时思索这些关系。惊人的是，古老体系中金属的排序，竟然与现代依照原子序数进行的排序一致！第 11 页左下图是一个更开放的七芒星，顺着箭头方向可以得到：铁 –26、铜 –29、银 –47、锡 –50、金 –79、汞 –80 和铅 –82。外围箭头表示按照原子序数的排序，以铁为起点。

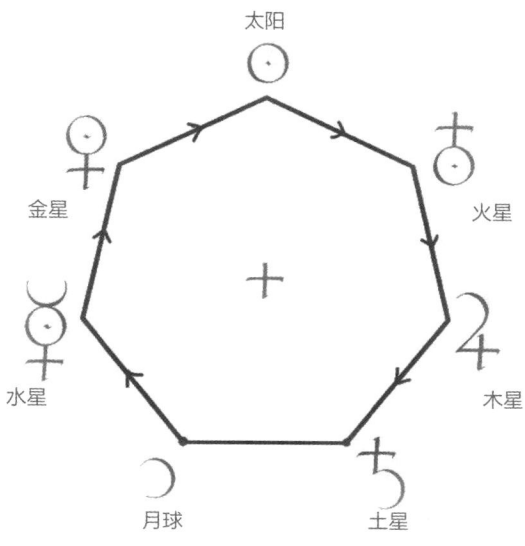

七个天体

以月球为起点，按箭头方向行进，就是"伽勒底秩序"。

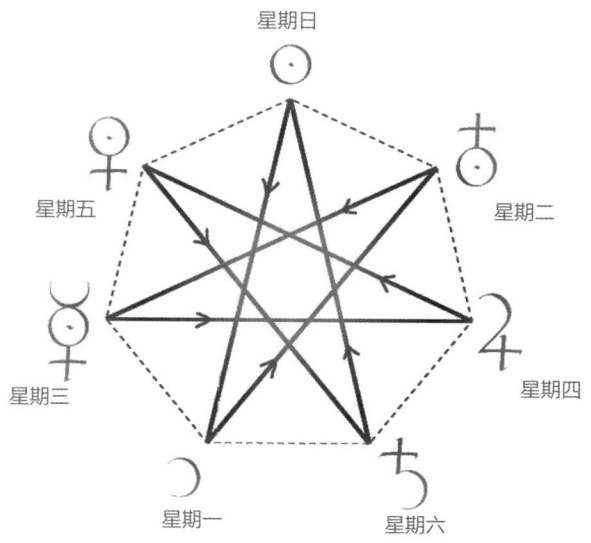

一周七天

七天之间的顺序如箭头所指。

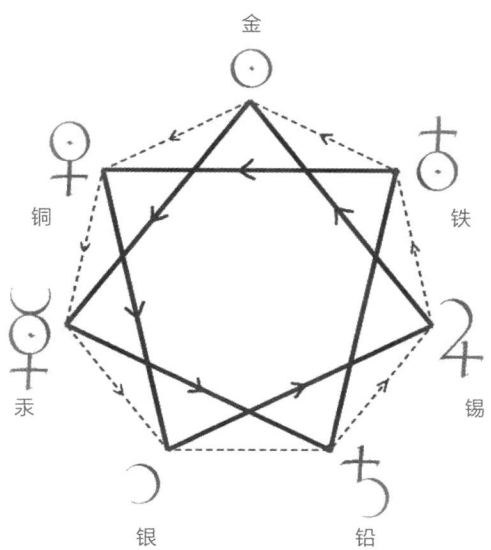

古代七大元素

以铁为起点，顺着箭头方向，原子序数递增。

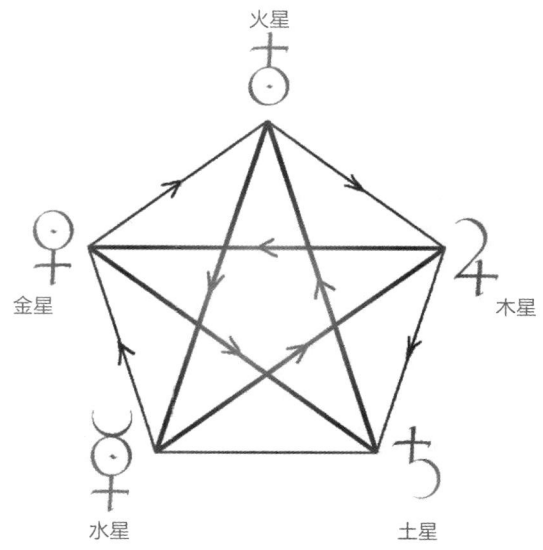

五大行星

从水星开始，按箭头方向移动，到太阳的距离递增。

地心说 VS 日心说 / 地球与太阳，谁才是中心
GEOCENTRIC OR HELIOCENTRIC
EARTH OR SUN AT THE CENTER

非凡的托勒密本轮－均轮体系持续了相当长的时期，撇开其复杂性不谈，该体系确实"保存了现象"，据说还可以拯救灵魂。早期希腊数学家如阿波洛尼乌斯，对椭圆轨道进行了研究。早在公元前250年，萨摩斯的阿利斯塔克斯（古希腊天文学家）就提出一种环绕太阳运行的行星系统，但并未成功。其后的1500年间，地球一直被认为位于宇宙中心，就像我们感觉到的那样。托勒密天动学说由希腊人传给阿拉伯人，最后又回到了西方。

第13页图中，展示了四种早期体系（Arthur Koestler参与绘图），要将每幅图中的每个天体理解为拥有其所属本轮和偏心轮。哥白尼在1543年将太阳置于中心（见第13页左上图），然而，他仍然是个坚定的本轮主义者，并将本轮和均轮总数从托勒密制定的39个增至48个！16世纪晚期，第谷·布拉赫（Tycho de Brahe）不遗余力地将地球固定在宇宙的中心位置（第13页左中图），而古希腊赫拉克莱提斯（Herakleides）建立的早期的模型（第13页中右图），和后来Eriugina版本的模型，都试图折中。

在17世纪，太阳终于被视作太阳系的中心，许多人开始忘了行星有时会逆行。太阳系的现代模型如第13页下图所示，它展示了行星（包括一个小行星——谷神星）围绕着太阳在椭圆形轨道运转。每个行星的椭圆形轨道都会缓慢旋转，经过一定时间就形成一个圆环面或轨道外壳。

该基本模型最初由约翰尼斯·开普勒于1609年所构想，目前他的观点正在被我们所接受并追随。

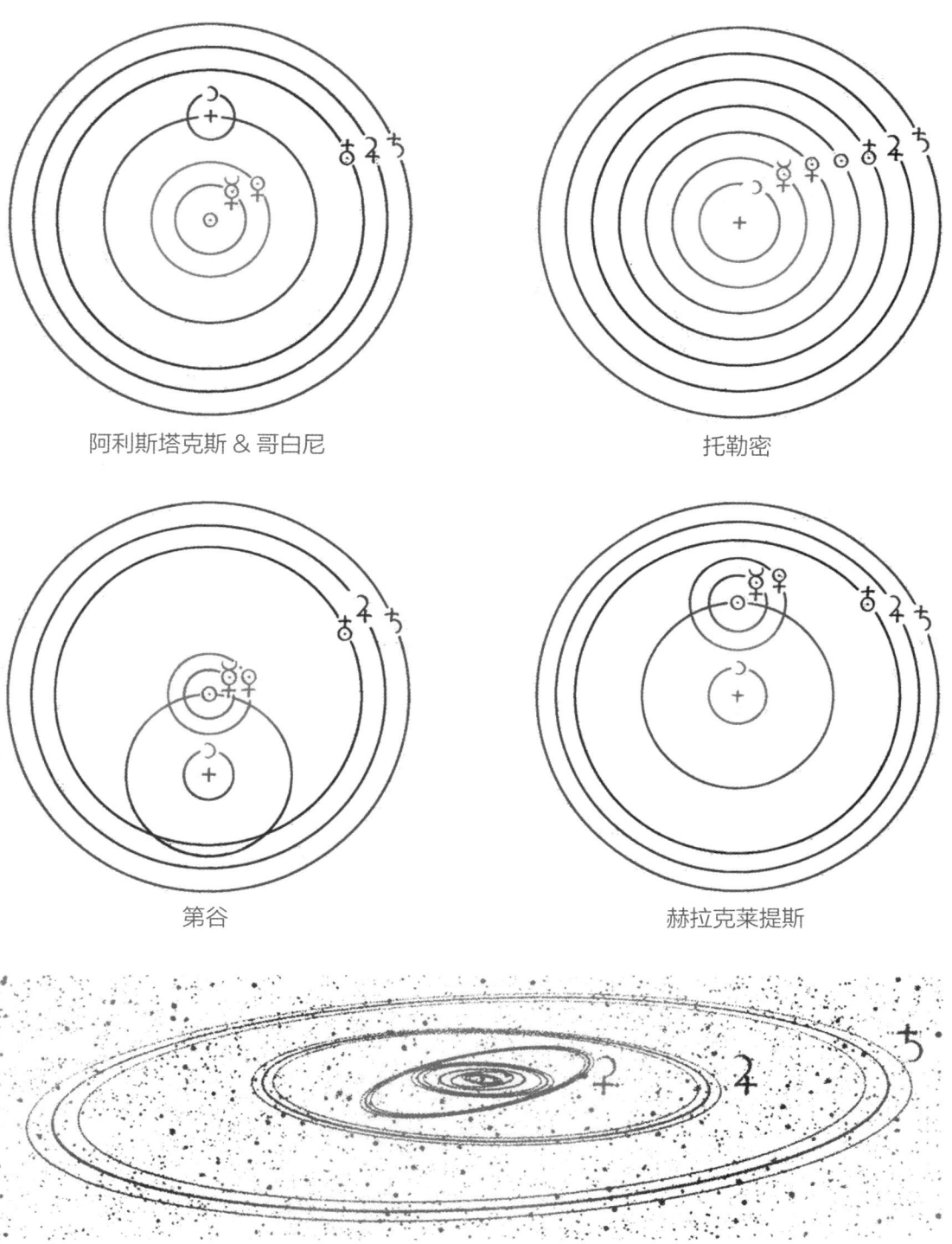

阿利斯塔克斯 & 哥白尼

托勒密

第谷

赫拉克莱提斯

开普勒

开普勒的构想 / 椭圆轨道与嵌套立体
KEPLER'S VISIONS
ELLIPSES AND NESTED SOLIDS

关于行星轨道，开普勒注意到了三件事情：第一，轨道是椭圆形的（因此 $a+b=$ 常数，第 15 页下图），太阳位于一个焦点上；第二，行星在特定时间内扫过的空间面积是恒定的；第三，行星的周期 T（它环绕太阳一周所需要的时间长度）与它的长半轴 R（或"平均"轨道）相关，因此 T^2/R^3 在整个太阳系中都是一个常数。

在为轨道寻找几何或音乐解法中，开普勒注意到 6 个以太阳为中心的行星意味着 5 个间隔。他尝试的著名几何解法，是把 5 个柏拉图立体放入 6 个已知天体之间（第 15 页上图为细节图）。

近些年来，爱因斯坦的理论实际上揭示了水星靠近太阳时，更为快速的运动（由此质量增加、时间膨胀）造成的微小时空效应在数千年里产生了一种椭圆形的地球自转轴的岁差运动，这一切非但没有贬低开普勒的构想，反而强化了其科学性。

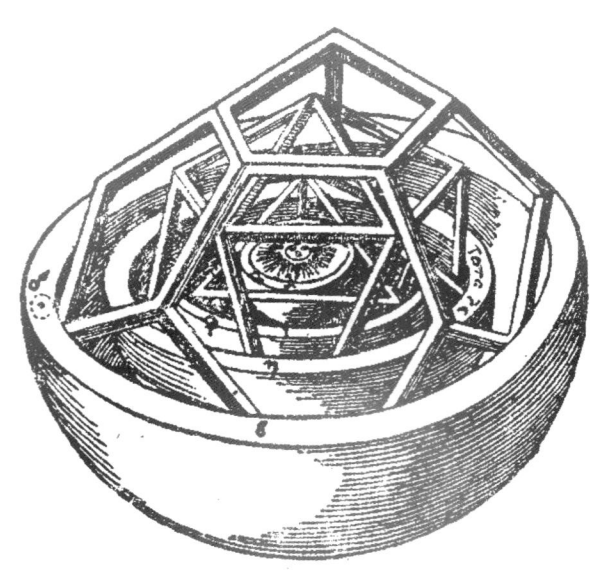

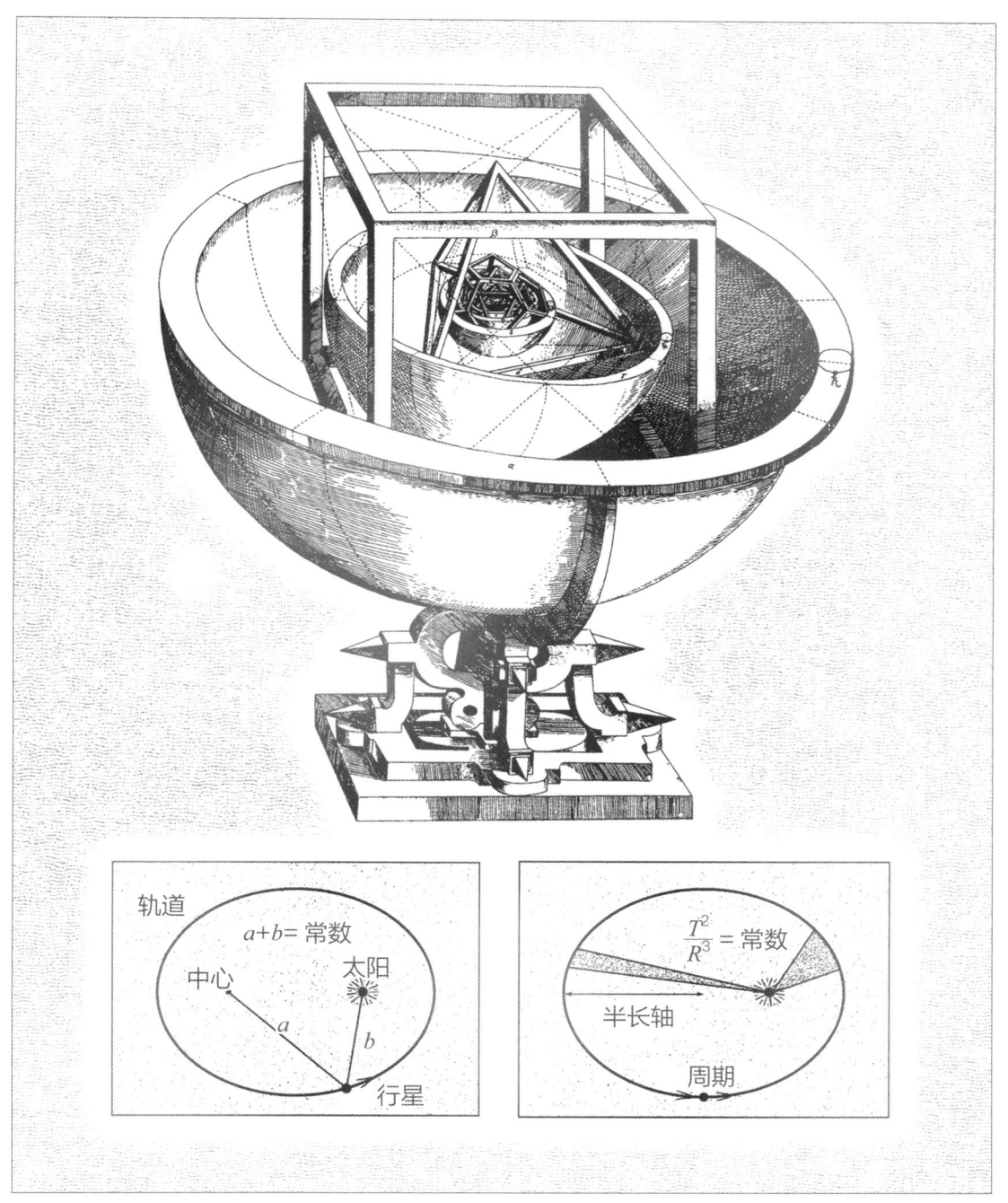

天体之乐 / *行星的合奏*
THE MUSIC OF THE SPHERES
PLANETS PLAYING TUNE

　　古代的人们将七个音符依照各种象征性的排列，归属于七大天体（见第 17 页上图）。有了准确的数据，开普勒开始精确计算人们长久以来所设想的"和谐世界"（Harmoniae Mundi）。他特别注意到，行星极限角速度的比率都是和声音程（见第 17 页下图，Godwin 参与绘制）。近年来莫尔恰诺夫（Molchanov）的研究认为，整个太阳系可以看作一个"调谐"的量子结构，而木星就像管弦乐队的指挥。

　　音乐和几何形影不离。魏茨泽克（Weizsäcker）关于行星凝结（见第 17 页下图，来自 Murchie & Warshall）的理论，为研究难以捉摸的轨道提供了更多线索。也许看似奇特，两个嵌套的五边形（本页左下图）界定了水星的轨道壳层（99.4%）、水星和金星之间的空白区域（99.2%）、地球和火星的相对平均轨道（99.7%）、火星和谷神星之间的区域（99.8%）。同时，三个嵌套的五边形（本页右下图）界定了金星和火星之间的空白区域（99.6%），以及谷神星和木星平均轨道（99.6%）之间的空间。

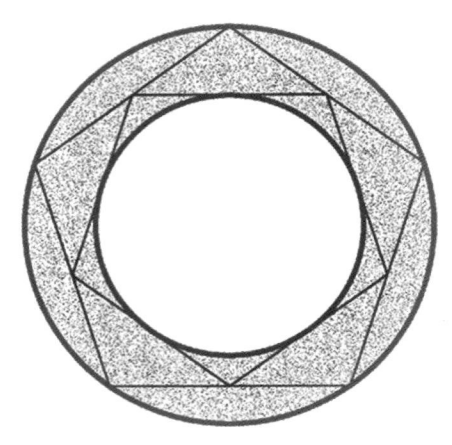

古埃及体系

西塞罗－西庇阿之梦

开普勒的天体之乐

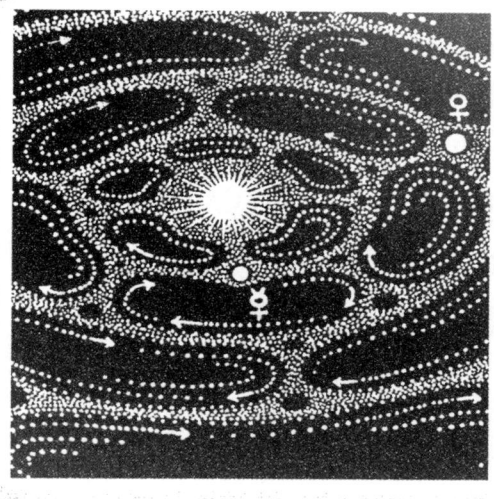

波得定律与行星会合 / 和声与韵律
BODE'S LAW AND SYNODS
HARMONICS AND RHYTHMIC KISSES

为了找出行星的轨道和周期模式，人们历经了无数次的尝试。第19页中的对数图，清楚地揭示了基本规则（Ovendon & Roy 参与绘制）。

著名的"提丢斯-波得定律"：数列0、3、6、12、24、48、96、192 和 384 中的每个数都加上4，得到4、7、10、16、28、52、100、196 和 388——这些数与行星的轨道半径十分相符（除了海王星）。这个公式预测了火星和木星之间28个单位处的一颗失踪行星。而在1801年1月1日，皮亚齐（Giuseppe Piazzi）在正确的轨道上，发现了小行星带中最大的小行星即谷神星！

行星绕太阳运行一周的时间称为周期。不同行星的周期有时呈简单的比率，典型的例子是木星和土星（99.3%），这两个最大行星的周期比为2:5。冥王星（编注：2006年被降级为矮行星）和海王星之间的节奏尤为和谐，两者周期比为2:3。

内行星绕太阳运行的速度比外行星快，就如漩涡一般。第19页下方的表格记录了两个行星之间出现接触、经过或靠近的天数，确切地说是"会合"。那么，地球是否能感受到些许和声呢？地球的两个邻居——朝向太阳的金星（金星自东向西转）和朝向太空的火星，数据显示分别与地球接触4次和3次（99.8%）。也就是说，在我们地球周围，每时每刻都播放着一段超慢的3:4节拍或一个深沉的四度。

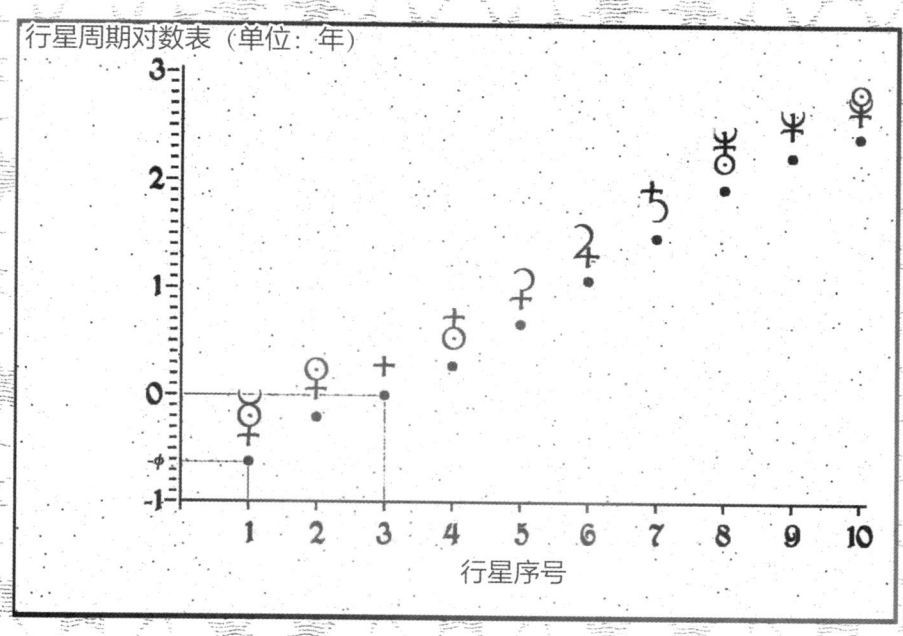

行星周期对数表（单位：年）

	☿	♀	⊕	♂	⚷	♃	♄	♅	♆	♇
☿	∞	144.6	115.9	100.9	92.83	89.79	88.70	88.22	88.10	88.05
♀	144.6	∞	583.9	333.9	259.4	237.0	229.5	226.4	225.5	225.3
⊕	115.9	583.9	∞	779.9	466.7	398.9	378.1	369.7	367.5	366.7
♂	100.9	333.9	779.9	∞	1162	816.5	733.9	702.7	694.9	692.2
⚷	92.83	259.4	466.7	1162	∞	2744	1991	1777	1728	1712
♃	89.79	237.0	398.9	816.5	2744	∞	7252	5045	4669	4551
♄	88.70	229.5	378.1	733.9	1991	7252	∞	16570	13100	12210
♅	88.22	226.4	369.7	702.7	1777	5045	16569	∞	62890	46440
♆	88.10	225.5	367.5	694.9	1728	4669	13100	62890	∞	179800
♇	88.05	225.3	366.7	692.2	1712	4551	12210	46440	179800	∞

内行星／水星、金星、地球与火星
THE INNER PLANETS
MERCURY, VENUS, EARTH AND MARS

我们可以将太阳系想象成系列小型旋转圆环。一条小行星带，将其一分为二。带内区域有4个岩态小行星环绕太阳快速运行；带外区域的4个巨型气体行星和冰态行星则行动迟缓。

对于太阳，我们至今一知半解。可以确定的是，太阳主要由氢和氦构成，它不仅是一座元素工厂，也是一个巨大的流体几何磁铁，核心温度达15000000℃，表面温度为6000℃。它吹动的粒子风，横扫整个太阳系。地球上的电子设备，会受到太阳黑子和巨大的太阳耀斑的影响。

水星是离太阳最近的行星，主要由固态铁构成，那是一个坑坑洼洼、没有大气层的世界。在阳光下温度可达400℃，而在背光处则降至-170℃。金星与太阳的距离仅大于水星，它就像一个云气笼罩的温室，表面温度高达480℃，其富含二氧化碳的大气层体积分数比地球高90倍。一个苹果在这里会顷刻烧化并被大气压扁，最终消融于硫酸雨中。

地球位列第三，是唯一拥有生命的行星，且只有一个大卫星——月球。

最后是火星，一个红色的岩石世界，其温度远低于冰点。在稀薄的大气下，两极都被冰盖所覆盖。河床的存在，表明远古时期的火星上可能有海洋，而如今常有持续数日的沙尘暴肆虐。火星上有巨大的死火山，其中一座的高度是珠穆朗玛峰的3倍，它静静地伫立着，见证了一个过去的时代。火星还拥有两个小卫星。

火星之外就是小行星带，带外则是巨行星的领域。

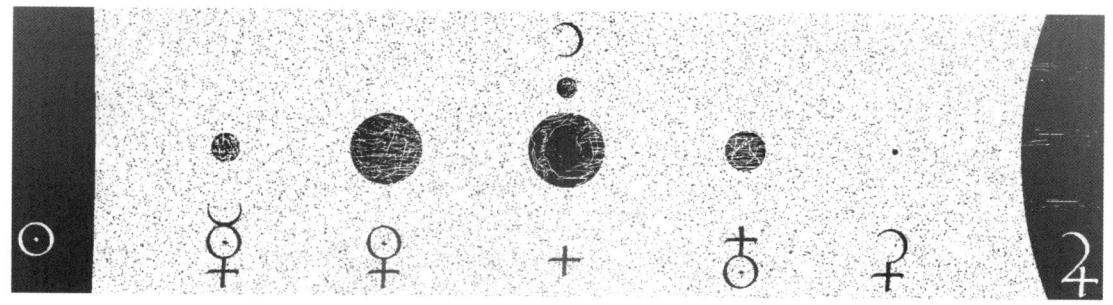

内行星的规模

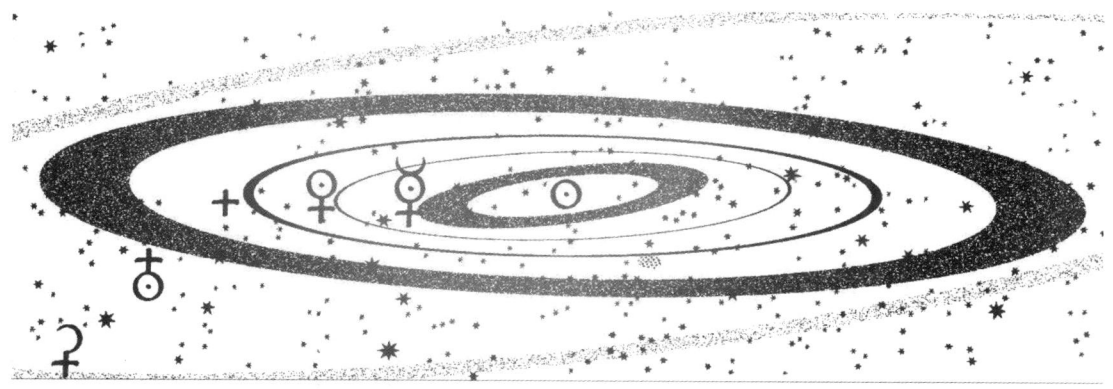

内行星轨道的倾斜度和偏心率

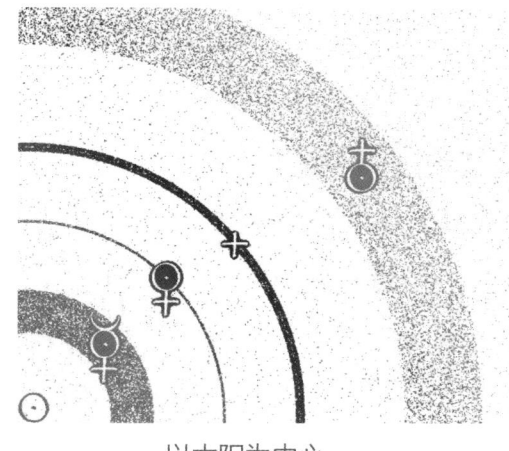

以太阳为中心

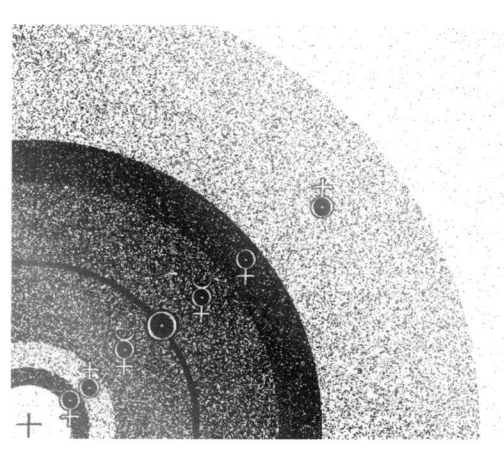

从地球上看

图中之意 / 一点儿提示
MAKING SENSE OF THE PICTURES
A FEW TIPS ON APPEARANCES

从地球上看，太阳相对于恒星背景向东移动，再次遇到同一颗恒星需要一年。月亮运行的速度则要快得多，其周期仅为 1 个月，每隔 27.3 天即可再次经过同一颗星。当太阳以一年为周期，沿着轨道缓缓运行时，金星和水星围着太阳来回摆动。想象一下站在金星上看到的场景——太阳比恒星的速度更快一筹，不远处的水星围绕太阳转动，宛如在游乐场跳着华尔兹。

每一对行星都跳着同一种"舞蹈"。你站在其中任何一个上都没有影响，因为围着你的舞伴与你的舞步一样，这是一种共享的体验。水星、地球和金星之间的"华尔兹"如第 23 页上图所示。地球和水星在 7.5 年里会合 22 次。古希腊人知道一个更为精确的，在 46 年中有 145 次会合的周期。水星和金星经历了仅仅 14 次会合之后，就达到了步调合拍。

第 23 页下图中显示了"黄金分割"，即 ϕ 或 phi。在每个五角星和每个斐波那契数列中都有它的身影。斐波那契数列以 0、1、1、2、3、5、8 和 13 起始，这些数字都可以在内行星中发现。黄金分割约等于 0.618，被 1 除之后为 1.618（等于其与 1 之和），1.618 乘以 1.618 为 2.618（等于 0.618 与 2 之和）。总之，黄金分割相关的数值常呈现出这样的规律性。人们还发现，黄金分割贯穿于生物生命的始终，如同生命的信号。在太阳系中，它的出现也是恰到好处，随后我们还会讲到。

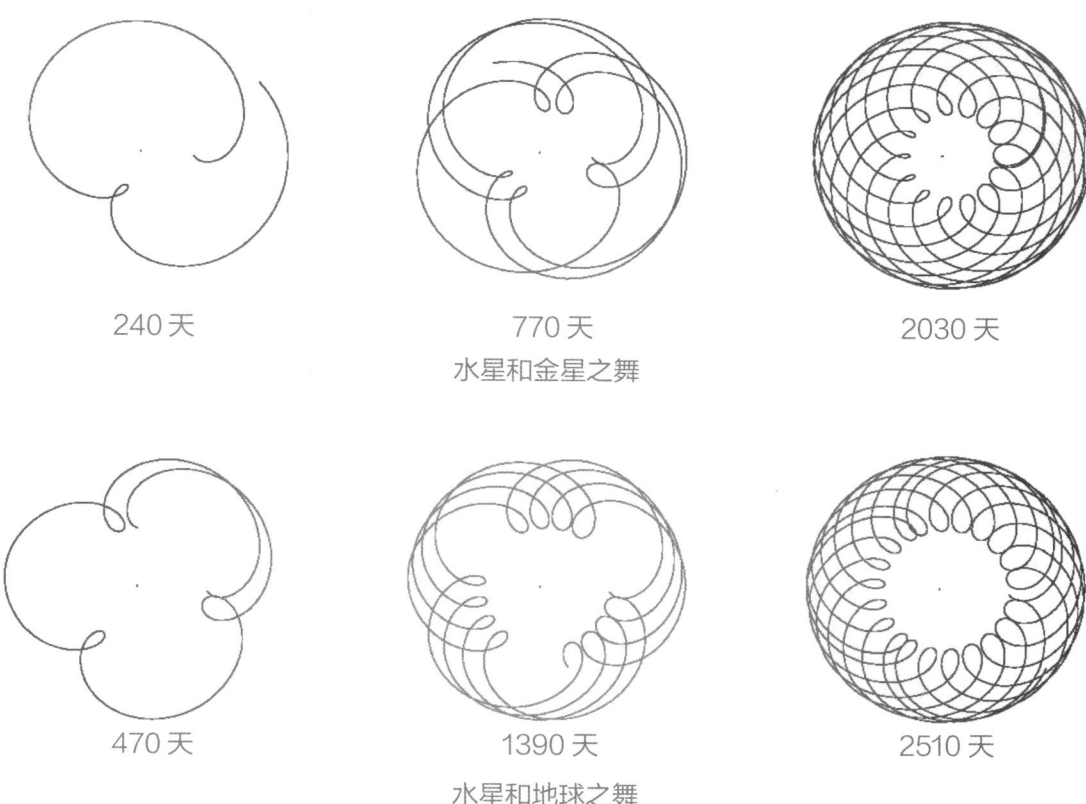

240 天

770 天

2030 天

水星和金星之舞

470 天

1390 天

2510 天

水星和地球之舞

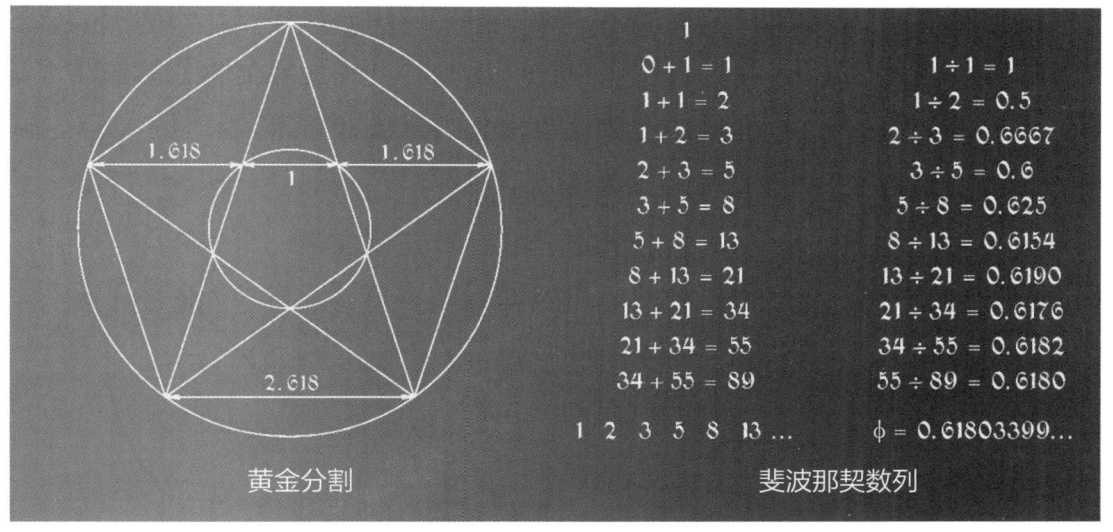

黄金分割

斐波那契数列

$$1$$
$$0 + 1 = 1 \qquad 1 \div 1 = 1$$
$$1 + 1 = 2 \qquad 1 \div 2 = 0.5$$
$$1 + 2 = 3 \qquad 2 \div 3 = 0.6667$$
$$2 + 3 = 5 \qquad 3 \div 5 = 0.6$$
$$3 + 5 = 8 \qquad 5 \div 8 = 0.625$$
$$5 + 8 = 13 \qquad 8 \div 13 = 0.6154$$
$$8 + 13 = 21 \qquad 13 \div 21 = 0.6190$$
$$13 + 21 = 34 \qquad 21 \div 34 = 0.6176$$
$$21 + 34 = 55 \qquad 34 \div 55 = 0.6182$$
$$34 + 55 = 89 \qquad 55 \div 89 = 0.6180$$

$$1 \quad 2 \quad 3 \quad 5 \quad 8 \quad 13 \ldots \qquad \phi = 0.61803399\ldots$$

水星与金星的轨道／简单的记忆诀窍
MERCURY AND VENUS' ORBITS
A VERY SIMPLE AIDE-MEMOIRE

很少有什么事物能比圆还简单。开普勒发现椭圆形轨道之后，牛顿和爱因斯坦又揭示了运转规律，行星轨道可以看作以太阳为圆心的轨道圆，而偏心率则让圆的厚度稍有增加（见第13页开普勒的图解）。

对于若干个圆，你首先可以将三个圆放在一处，使它们彼此相切。令人惊奇的是，太阳系中前两个行星的轨道就隐藏在这简单的图案之中。如果水星的平均轨道经过这三个圆的圆心，那么金星的平均轨道就恰好围住整个图形（99.9%）。

这是一个便于记忆的小诀窍——不论在家里，还是在设计、艺术、建筑和自然界中，这样的图案无所不在。每当你拿起三个玻璃杯，或把三个球推在一起，就相当精确地模拟出了前两个行星的圆形轨道。这一理想与现实之间的绝妙契合，必定有其缘由，但至今无人知晓。另外，这类话题并非当今热点。或许在21世纪会有某个聪慧的科学家找出答案——在那之前，这都只是一个"美丽的巧合"。

在音乐中，八度音程的频率比为2:1，而三角形是八度的一个象征。水星则像是一个快乐的独奏者，它自转三周才是一个昼夜，一个水星日等于两个水星年。作为太阳系第一颗行星，水星首先奏响了和声并画出几何图案。我们始于一，听见二，并看到了三。

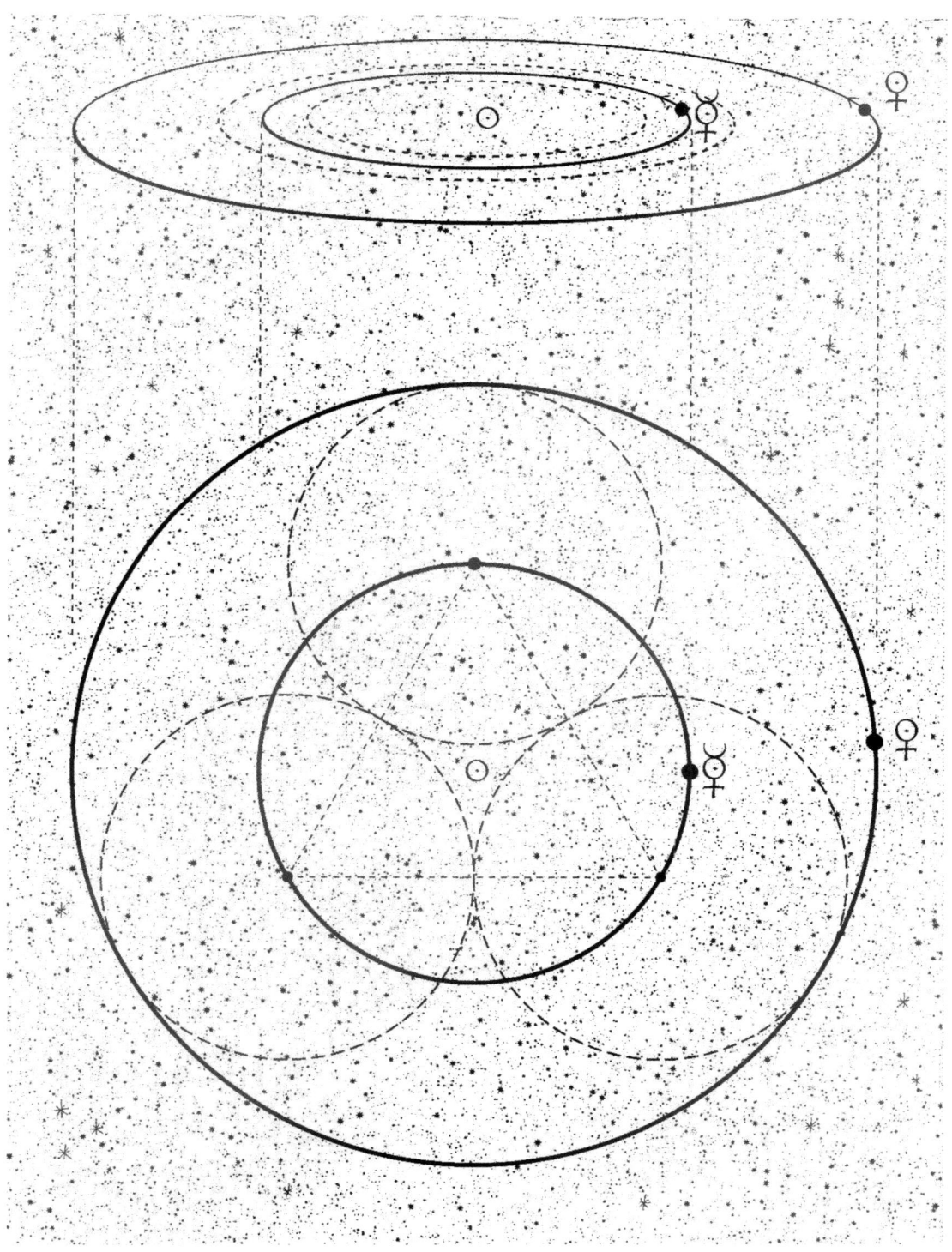

金星之吻 / 最美关系

THE KISS OF VENUS
OUR MOST BEAUTIFUL RELATIONSHIP

　　除了太阳和月亮，天空中最亮的光点就是金星，又称启明星或长康星。它是我们最近的邻居，在地球和太阳之间运行，每584天与我们会合一次。每当会合时，太阳、金星和地球就会在五分之二的圆周上排成一行，这样就可以画出一种五角星图案，刚好需要8年的时间（99.9%）或13个金星年（99.9%）。注意斐波那契数列中的5、8和13，它们掌管着地球上大部分植物的生长。地球和金星的周期也密切相关，其比值为 $\phi : 1$（99.6%）。

　　从地球上看，金星的和谐之处表现为它环绕着转动的太阳而旋转，画出一个十分美丽的图案，如第27页上图所示。该图展示了4个8年周期，所以是32年。闪耀的金星在最接近处与地球会合时，相对背景中的恒星，似乎短暂地逆向而行（从地球上看，如下图所示），便形成了小回路。

　　金星的五重轨道和地球的轨道，延伸至彼此之间最近和最远的距离。金星的近地点和远地点由两个五角星所界定，如第27页下图所示，两者在对方周围所画出的空间主体大小之比是 $1 : \phi^4$（99.98%）。

　　所有这些图也适用于从金星看地球的体验。

完美的金星 / 课堂之外的知识
THE PERFECT BEAUTY OF VENUS
THE THINGS THEY DON'T TEACH YOU AT SCHOOL

以太阳为中心来看看金星和地球的轨道。每隔几天，在这两个行星之间画一条线（见下左图）。由于金星运行速度更快，当它绕行太阳一圈时，地球才刚刚走完半程（见下中图）。如果我们持续观察8年整（13个金星年），两者之间的连线就会形成第29页的图案，即上一节中就已出现的，以太阳为中心的美丽五瓣花。

出人意料的是，地球外轨道和金星内轨道，即它们的原轨道（home）之间的比率由一个正方形而得（见下右图）（99.9%）。

在太阳系中，金星的自转方向与其他行星相反（自东向西），且自转速度极为缓慢。它的自转周期是一个地球年的2/3。在音乐上，正好是一个五度的频率比，这与第29页所示的舞步协调一致。因此，每次和地球会合之时，金星都以同一面朝向地球。假如金星从太阳前面经过时，在金星上标注某一个点，等下次金星再次从太阳前面经过时，地球上的观测者又能看到这个点。

8个地球年里，金星与太阳会合5次，即在13个金星年里，完成了12次自转（Kollerstorm）。这些数字，在音乐中都是美丽的音符。

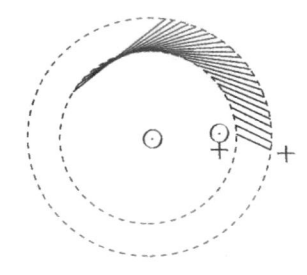
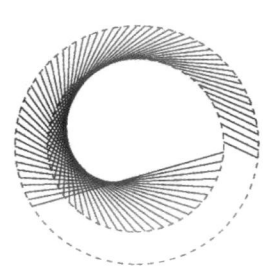
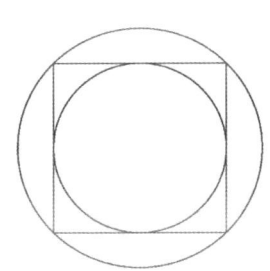

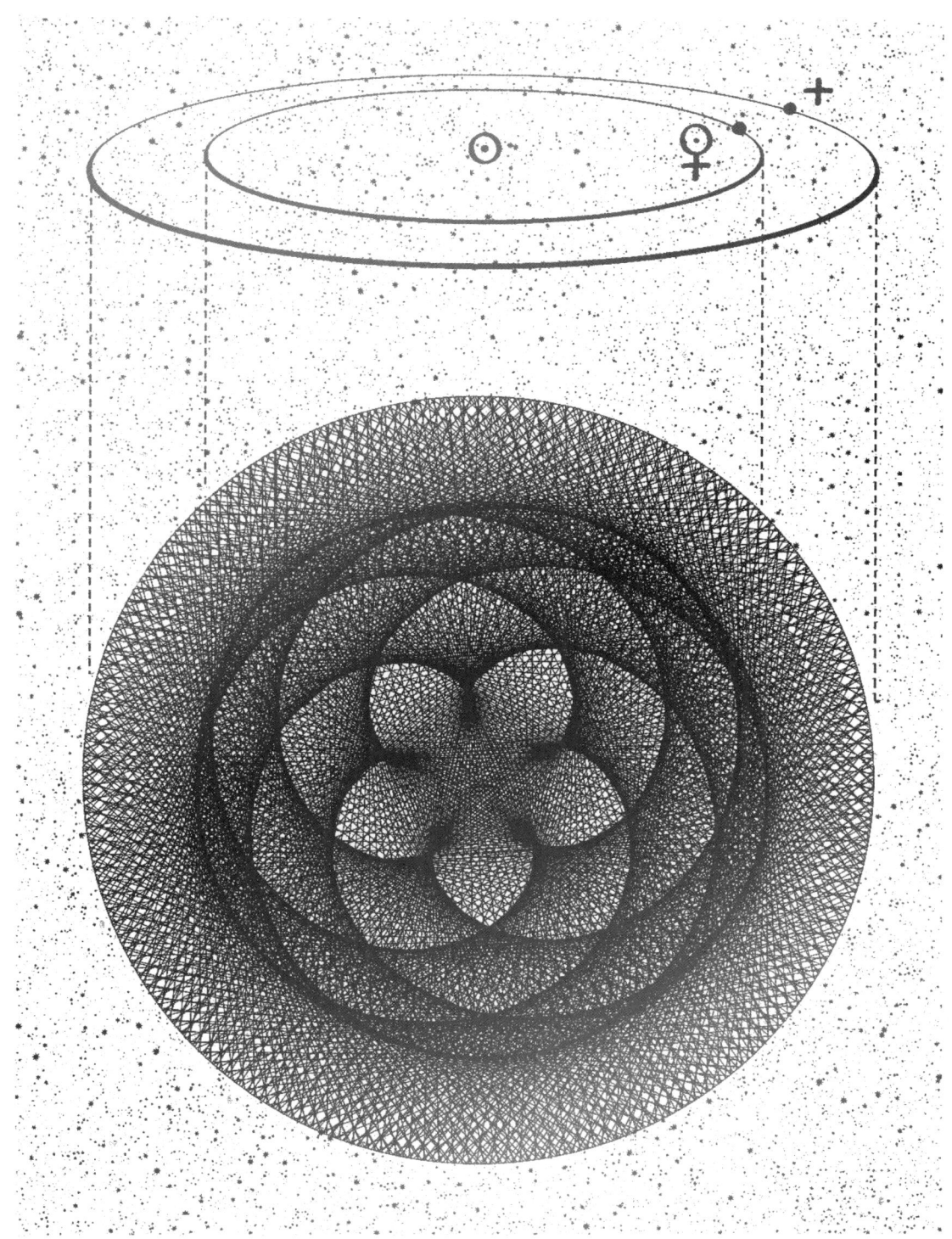

叶序 / **生命的螺旋**
PHYLLOTAXIS
THE SPIRAL OF LIFE

地球上的生命使用同一套无与伦比的数字体系。"叶序"是指叶在茎上排列的方式，也用于描绘植物其他部位的特征，如花、穗头和果实。理解叶序的关键，是斐波那契数列，即1，1，2，3，5，8，13，21，34，55……其相邻数值之比逐渐趋近于黄金分割率。常见的五角星中就有黄金分割，我们之前已经叙述过。

显而易见，地球上绝大多数植物的叶都为互生，且在一个周期中旋转的圈数对应的叶片数量为斐波那契数列。比如一些植物的茎，从起点叶开始，每旋转1/2圈，就长有一个叶片；榛树和山毛榉是1/3圈；杏树和橡树是2/5圈；梨树和杨树是3/8圈；扁桃树和柳树则是5/13圈；大多数菠萝外壳的螺旋线数量为5、8或13。数一数褪色柳小枝上的花蕾，你会发现每转5圈就有13个花蕾。

人体中也有这样的数列，只不过常以四重形式出现。我们的四肢，各有5个趾头/指头；幼儿上、下牙床的左右两边，各有5颗乳牙，成年后分别被8颗恒牙代替，一生中共有13颗。

在花朵中，最常见的是五瓣花，而在植物中，最常见的叶序数是5、8和13。

请看本页和第31页的图示，其中蕴含的数字也是金星之数！

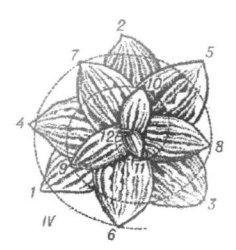

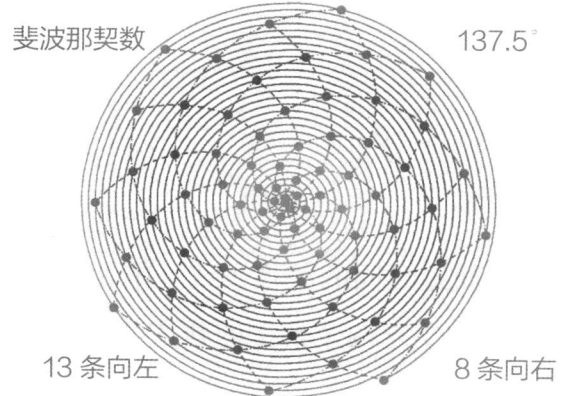

斐波那契数   137.5°

13 条向左   8 条向右

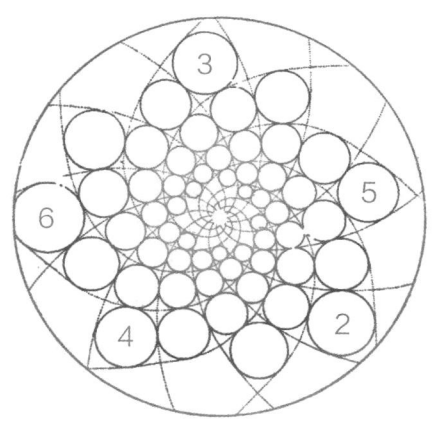

左上图：图中展示的是 8：13 的叶序。每个新的单位元素，与上一个单位元素之间都呈 137.5°的固定角度，形成阿基米德螺线。

右上图：图中是按照霍夫曼模型排列的叶序。与达·芬奇对于叶序的设想一致，即此种排列是为了让从低处到高处的每个叶片都最大限度地接受阳光和露水。

左中图：图中菠萝外壳的螺旋线，按照倾斜角度的不同分为三种——接近于水平、垂直和呈 45°倾斜。这三种螺旋线的数量，呈现美妙的 5：8：13 比例。

下图：许多种穗的叶序，是由花瓣的叶序决定的。

水星与地球 / 更多的 5 和 8
MERCURY AND EARTH
YET MORE FIVES AND EIGHTS

水星和地球的物理大小，与它们平均轨道之间的关系一致。第 33 页多个五重和八重的层叠图案，形象地体现了这两个行星的轨道和大小之比。

水星最内层的轨道直径由五角星的内切圆体现（见第 33 页左中图）（99.5%），同时，它恰好是水星和地球平均轨道之间的距离（99.7%）。

第 33 页右下图是第 25 页那三个相切圆的扩展图形。圆心均位于金星轨道上的 8 个圆，构成地球的平均轨道（99.99%）——也许代表了包含 5 次相遇的 8 年？

水星、金星和地球之间，还有另一个巧合：如果以水星轨道半径和周期为计算单位，则金星的周期乘以 2.618 等于地球轨道半径的平方（99.8%）。水星的会合周期是 115.9 天。理查德·希斯（Richard Heath）近来发现，2.618 × 五度 × 满月周期 =115.9。音乐中，一个五度音程的频率比为 3:2，2.618 等于 ϕ 的平方（即 1.618 × 1.618）。满月则每隔 29.53 天出现一次。

地球和土星的相对轨道与大小关系，体现在下图的十五角星中，由此也得出地轴是倾斜的。

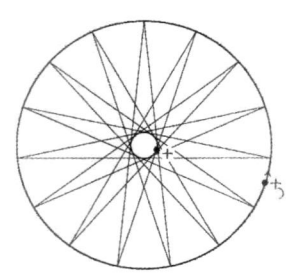
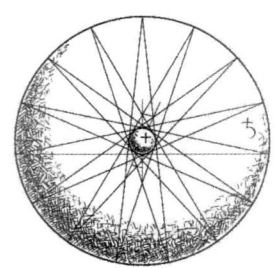

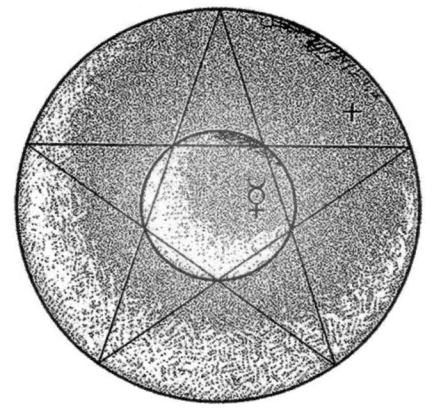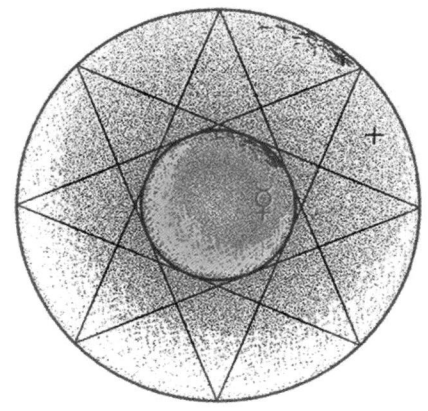

通过使用五角星和八角星绘制出水星和地球的相对大小

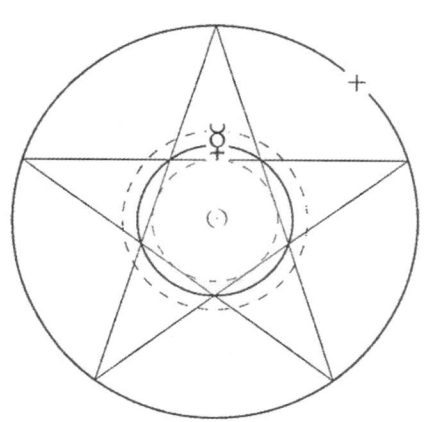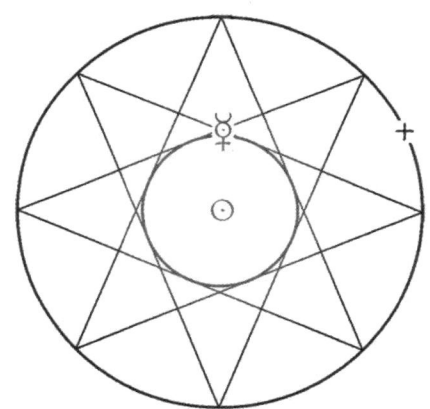

通过同样的五角星和八角星，绘制出水星和地球的相对轨道

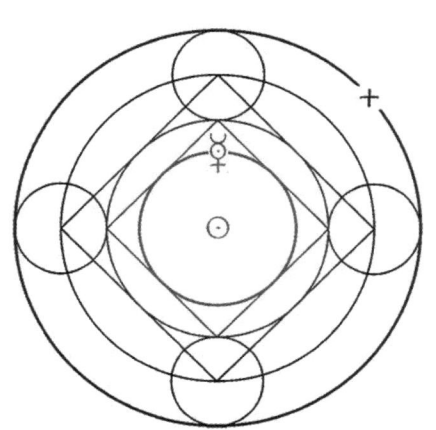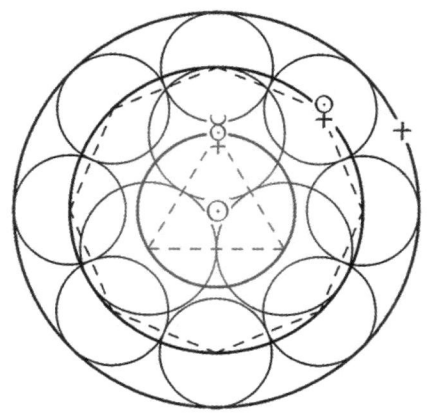

用其他更精准的方式画出的内轨道

魔术般的结合 /3：11
THE ALCHEMICAL WEDDING
THREE TO ELEVEN ALL ROUND

从地球上看，太阳和月亮一般大。根据现代宇宙学，这仅仅是一个巧合。然而任何一位优秀的巫师术士都会告诉你，这两个重要天体之间的平衡，正是古老魔法毋庸置疑的证据。

实际上，月球和地球的大小之比，为3：11（99.9%）。这意味着如果你把月球拖至与地球相切，那么经过月球中心的圆，其周长与地球的外切正方形的周长相等。看来，古人早已发现这个小秘密，并将其隐藏在"英里"的定义中（见第35页，John Michell & Dan Ward参与制图）。

我们的两个邻居——金星和火星的关系，精准地复制了地月之比（如下图所示，火星绕着金星起舞）。对于彼此的最近距离与最远距离之比恰好为3：11（99.9%），着实令人惊奇。

地球和月球位于两者之间，完美呼应了这个美丽的局部空间比例。3：11恰好是27.3%，月球每27.3天绕地球一周，与太阳黑子的平均自转周期相同。

太阳和月亮，的确是齐头并进的好队友。

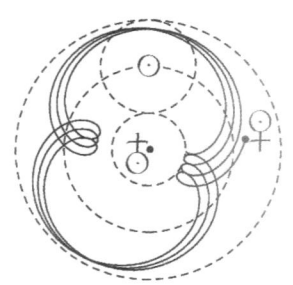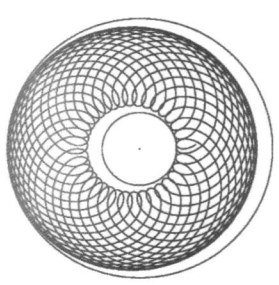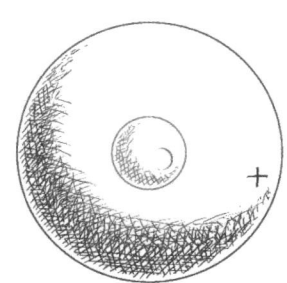

从地球上看月球、日全食和太阳

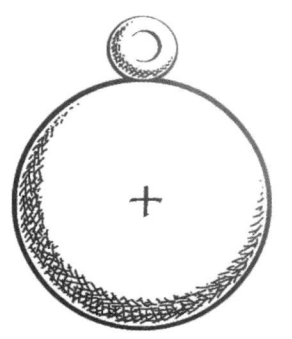 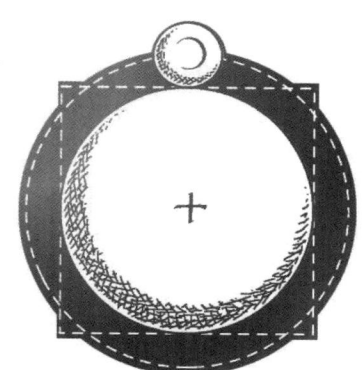 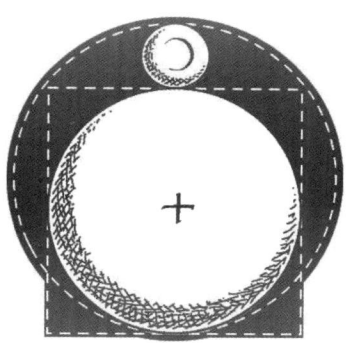

月球与地球的相对大小，
虚线画的正方形和圆，当拉成直线时其长度相同

月球和地球的英里数

月球半径 =1080 英里 =3×360 英里
地球半径 =3960 英里 =11×360 英里
月球直径 =2160 英里 =3×1×2×3×4×5×6 英里
地球半径 + 月球半径 =5040 英里
　　　　　　　　=1×2×3×4×5×6×7=7×8×9×10 英里
地球直径 =7920 英里 =8×9×10×11 英里
1 英里为 5280 英尺 =（10×11×12×13）-（9×10×11×12）

月亮的魔法 / 三个数字一台戏
CALENDAR MAGIC
JUST THREE NUMBERS DO THE TRICK

罗宾希斯（Robin Heath）在近来的研究中，揭示了用于解读日-月-地系统的简单几何与数学工具。假设，我们想求出一年中满月的次数（介于12和13之间），那么首先画一个直径为13的圆，且其中有一个五角星，各顶点均在圆周上。五角星的臂长则为12.364，这就是满月的次数（99.95%）。

还有另一种更为精确的方法：画出边长分别为5、12和13的勾股三角形（这也是金星之数，见第37页）；把边长为5的边，按2∶3切分；将切分点与对顶点相连，所得线段的长度为153的平方根12.369，即一年里满月的次数（99.999%）。

月亮似乎提示我们要看得更远点。我们都知道，在一个平面上1个圆可由6个圆围绕并彼此相切（注意6与7），而在三维空间里，1个球可以被12个球体包围并彼此相切（注意12和13再次出现）。从二维到三维，数字似乎以6递增。那么四维空间的1个时空单位球，会不会被18个时空单位球所包围，从而得到数字18和19呢？不可思议的是，在日-月-地系统中，目前所有重要的时间周期，都能由18、19和黄金分割的简单组合来精确表达。

在五角星形、二十面体、十二面体和所有生物中，都有黄金分割的身影，同时也体现在四个内行星的轨道中。其相关数值，如0.618、1、1.618和2.618，与18相加分别得到18.618、19、19.618和20.618。这些数值相乘后所得结果，见第37页图中所示。

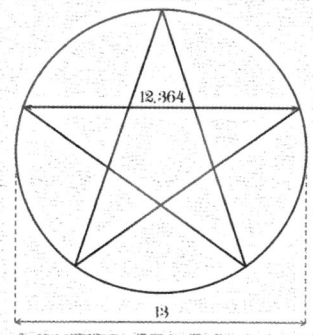

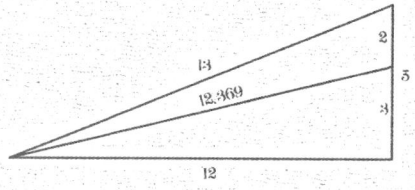

两种古老的计算一年满月次数的
方式。

18 年 = 沙罗日食周期（99.83%）
（隔 18 年发生类似的日食）

18.618 年 = 月球交点的循环周期（99.99%）
（月球交点是太阳的轻微偏位圆轨迹和月球轨道相交的两处）

19 年 = 默冬周期（99.99%）
（如果今年在你生日那天出现满月——那么 19 年后的生日那天
会再次出现）

食年 =18.618×18.618 天（99.99%）
[食年是太阳重新回到同一个月球交点上所需的时间。
它比一个太阳年少 18.618 天（99.99%）。一个沙罗周期中有
19 个食年]

12 次满月 =18.618×19 天（99.82%）
（12 次满月即是阴历年或伊斯兰年）

太阳年 =18.618×19.618 天（99.99%）
（太阳年就是我们熟悉的有 365.242 天的年）

13 次满月 =18.618×20.618 天（99.99%）
（13 次满月的周期是太阳年后又加 18.618 天）

太空足球 / 各行其道的火星、地球和金星

COSMIC FOOTBALL
MARS, EARTH AND VENUS SPACED

　　太阳系中，火星是位列地球之后的第 4 颗内行星。开普勒曾试图用一个十二面体来分隔火星和地球的轨道（见第 12 页），后来的事实证明，他当时已非常接近目标了。

　　十二面体（由 12 个五边形构成）和二十面体（由 20 个等边三角形构成），是五个柏拉图多面体中的后两个。它们能从自身各个面的面心构建出对方（见下图），所以组成了一对。在第 39 页图中，两者都出现于火星平均轨道的气泡形式中。十二面体像施魔法似的，形成了金星轨道的气泡（第 39 页上图）（99.98%）；二十面体则界定了经过气泡中心的地球轨道（第 39 页下图）（99.9%）。

　　在古代的科学中，二十面体总是与水元素联系在一起，而十二面体则代表第五元素以太（aether），即生命力，包裹着生机盎然的地球。

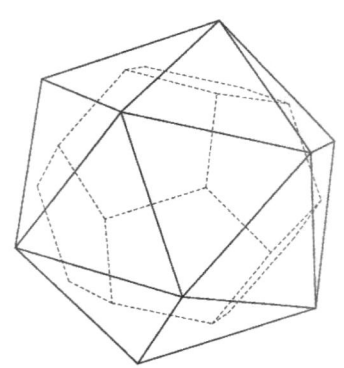

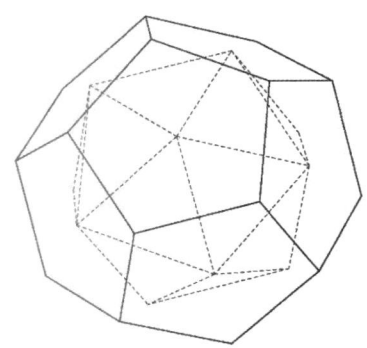

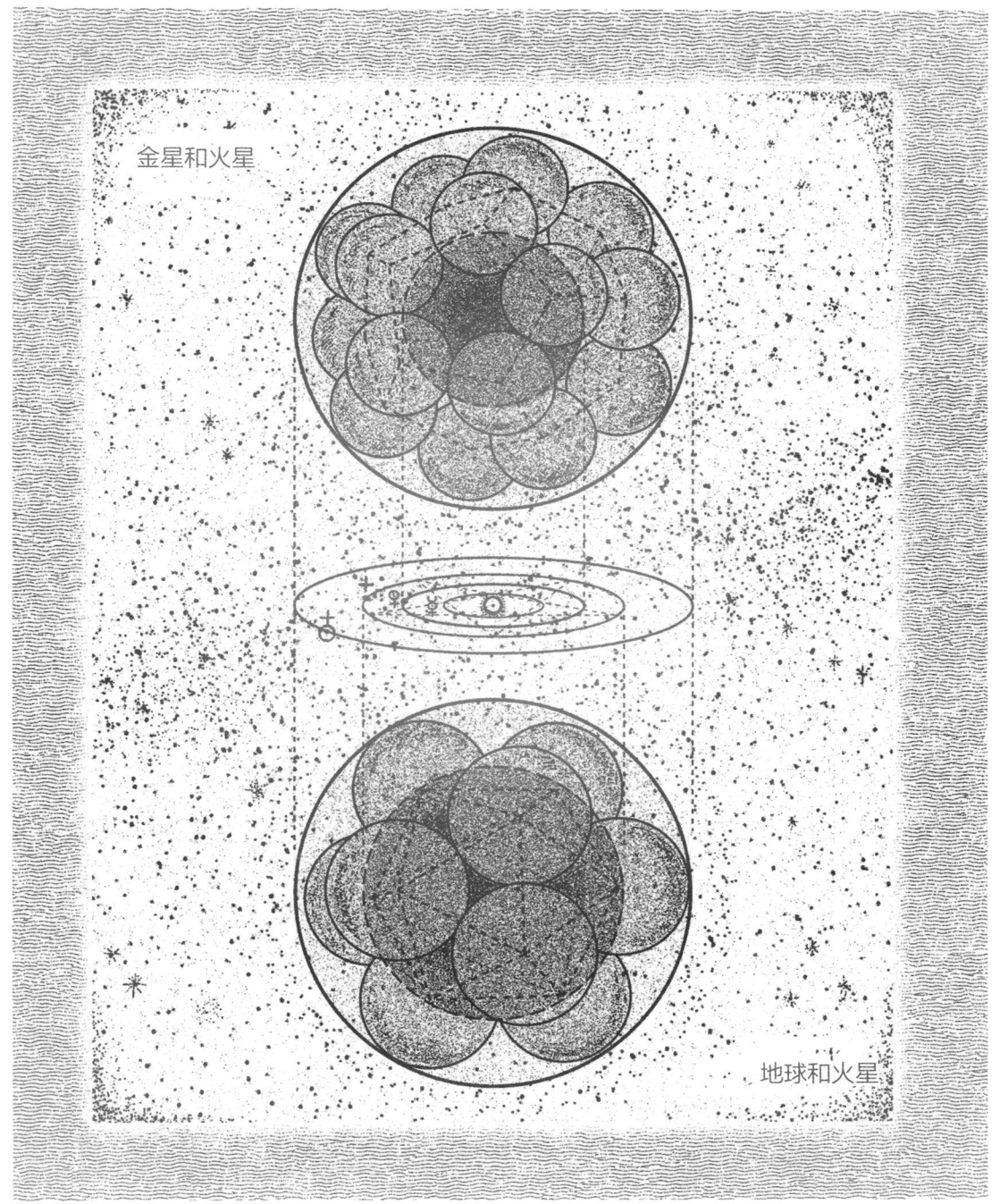

金星和火星

地球和火星

小行星带／**透过魔镜**
THE ASTEROID BELT
THROUGH THE LOOKING GLASS

聊完火星，我们已经到了内太阳系的尽头，而在火星之外，还存在着一片浩瀚无垠的空间，巨行星之一的木星位于其一端。科学家们就在此区域内，发现了小行星带，无数大大小小的岩石——硅质的、金属质的、碳质的及其他质地的——构成了小行星。小行星带中的间隙，称为"柯克伍德空隙"（Kirkwood Gaps），位于与木星发生轨道共振之处。最大的空隙，位于和木星轨道周期1/3相对应的轨道距离。

最大的小行星是谷神星，质量超过所有小行星总质量的三分之一，大小则相当于不列颠群岛。谷神星和地球的运行轨迹，形成了完美的十八重图案（见第65页）。

波得定律对小行星带深处的现象进行了预测，但直到最近才由亚历克斯·戈德斯（Alex Geddes）发现4个带内小行星和4个带外气态巨行星之间神奇的数学关系。如第41页图所示，它们的轨道半径魔法般地"反映"在小行星带周围，将它们相乘，得到两个神秘的常数。

金星×天王星=1.204×水星×海王星　金星×火星=2.872×水星×地球

水星×海王星=1.208×地球×土星　土星×海王星=2.876×木星×天王星

地球×土星=1.206×火星×木星　（金星×火星×木星×天王星=水星×地球×土星×海王星）

小行星带不太可能是某个较小行星的残骸，因为任何一定规模的物体，都无法在如此靠近木星的地方形成。

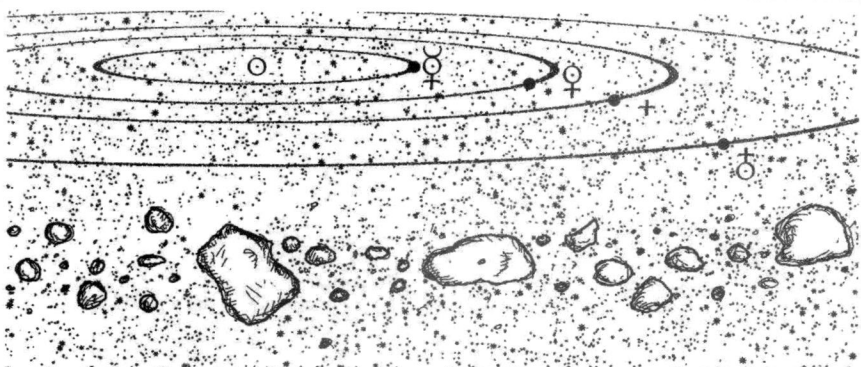

小行星带将四个岩态小行星与四个大型外行星分隔开来

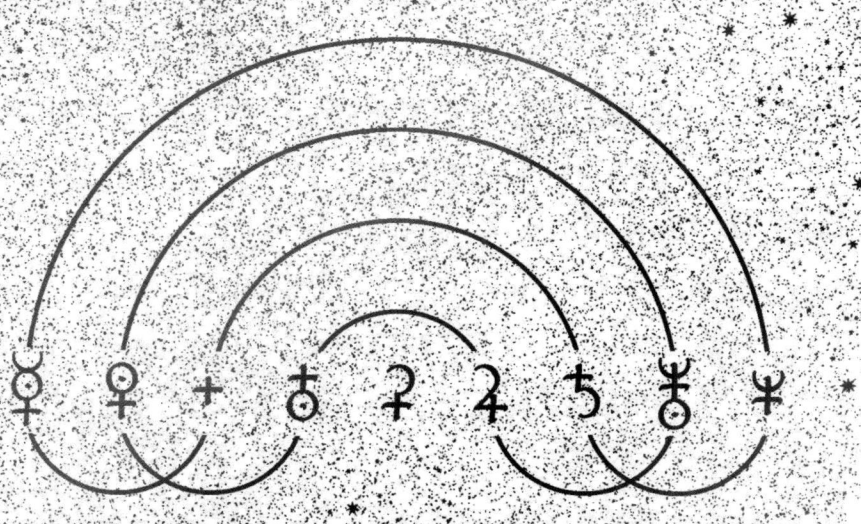

戈德斯模型的神奇乘法

带外行星 / 木星、土星、天王星、海王星……
THE OUTER PLANETS
JUPITER, SATURN, URANUS, NEPTUNE, AND BEYOND

跨越小行星带，就来到了气态巨行星和冰巨星的领域。它们是木星、土星、天王星和海王星。

木星是其中最大的行星，它的磁场规模在太阳系中位列第一。它含有90%的氢，不过仍与其他巨行星一样，围绕着岩核而构成，岩核外部由液态氢和固态氢包裹。著名的木星红斑，其实是一场规模比地球还大的风暴，肆虐至今已有数百年。木星周围众多的卫星使人眼花缭乱，如木卫一，是太阳系中最活跃的火山体；木卫二的冰面下，也许有温暖的海水。

第二大行星，是拥有美丽环系的土星，其内部的氢氦结构和木星极为相似。土星有许多卫星，其中最大的是土卫六，规模相当于水星，并拥有适宜生命的一些基本条件。

土星之外是天王星。在其赤道上，翻卷着阵阵狂风。

再下来是海王星，它与天王星一样也是一个含有水、氨和甲烷的冰之世界。它最大的卫星海卫一，不仅拥有含氮冰盖，还有喷涌着液氮的间歇泉，耸入大气之中。

最后是冥王星——它是一颗矮行星（国际天文学联合会2006年定义），在它之外为柯伊伯带。再延伸至与最近恒星距离的三分之一处，就出现了由冰质天体构成的球形区域，以及来自于奥尔特云的彗星。

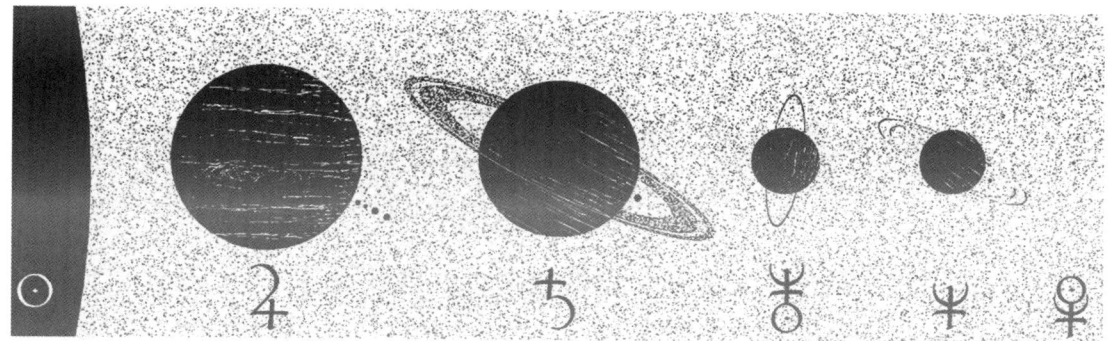

外行星相对大小

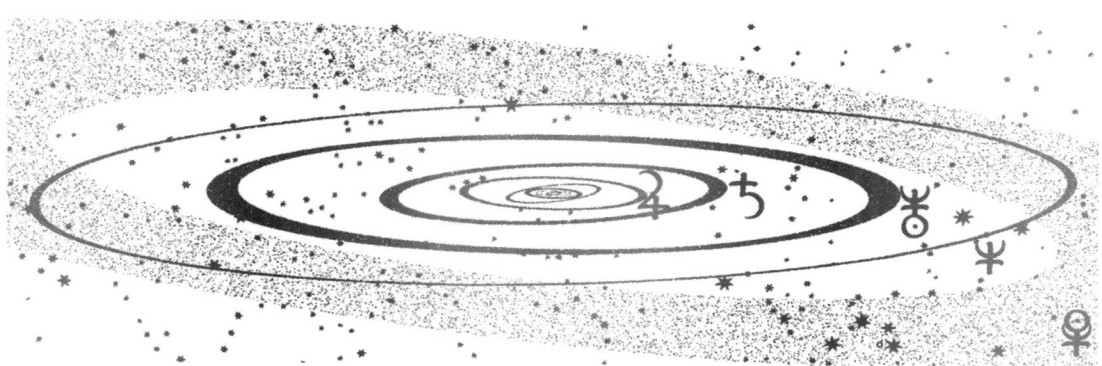

外行星轨道的倾斜度和偏心度

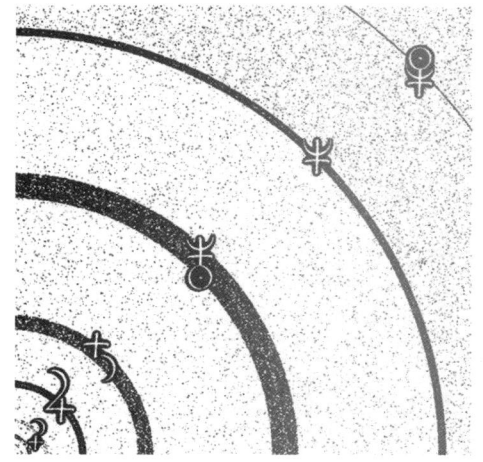

以太阳为中心

地球视角

43

重要的四 / 火星、木星和巨型卫星
FOURS
MARS, JUPITER AND MASSIVE MOONS

小行星带隔开了火星和木星的轨道，两者相距达 5.5 亿千米，比地球与太阳之间的距离还要远。在气态巨行星中，木星位列第一，体积也最大，并且被称作太阳系的真空吸尘器（木星将朝向地球而来的太空垃圾拦截粉碎，小行星或彗星进入其大气层便爆炸燃烧）。木星在漫长而持续的构成过程中，聚集的物质哪怕稍多一点，那么在其内部压力下，早已成了恒星，我们就可以看到另一个太阳。

第 45 页上图中，以一种简单的方法利用 4 个相切圆或一个正方形画出了火星和木星的轨道（99.98%）。这种比例结构的图案，常出现在教堂窗户和火车站。下图也属于这类型，并精准分隔了地球与火星的轨道（99.9%）。

木星有 4 个巨型卫星，其中最大的两个，即木卫三和木卫四，和水星一样大，并产生了太阳系中最完美的时空图案之一。若从其中一个卫星上观察另一个的运动轨迹，将会看到第 45 页下方所示的优美四重图案。

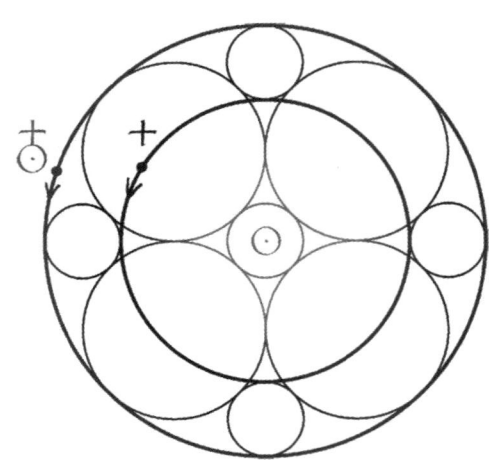

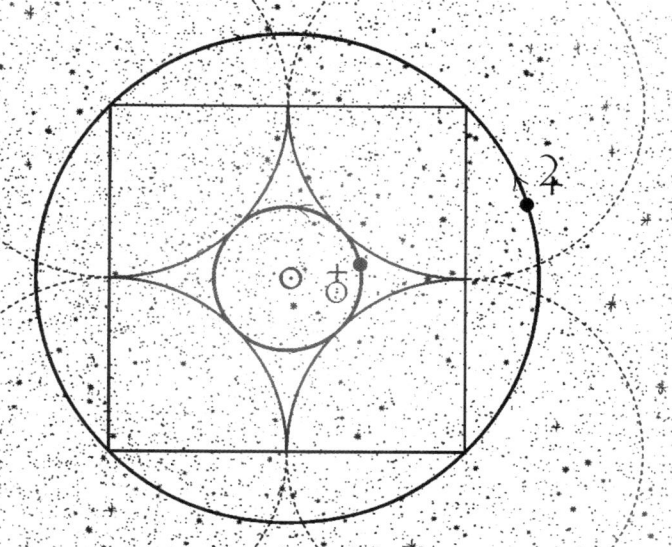

如何精确地画出火星和木星的平均轨道。

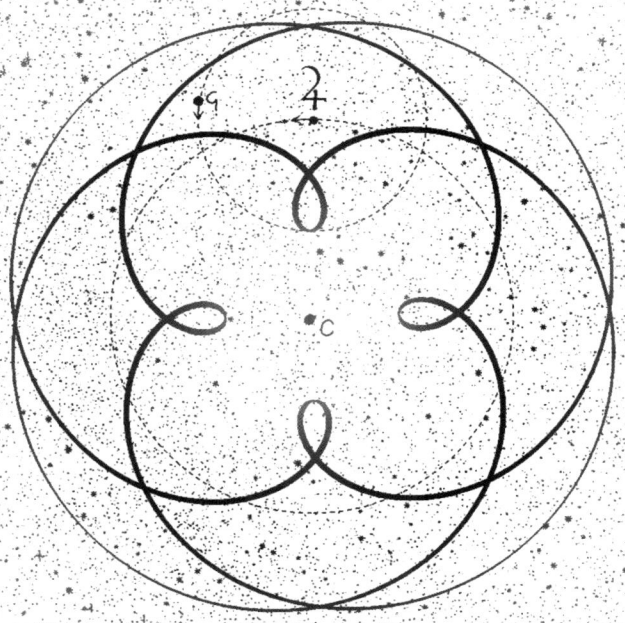

木卫三和木卫四的运行轨迹如同优雅的舞步。

带外卫星 / 和谐的图案
OUTER MOONS
HARMONIC PATTERNS

有 4 组卫星围绕着木星运转。前两组分别有 4 颗卫星，如同整个太阳系的微缩模型——4 个带外巨行星跟随着 4 个带内小天体。第二组的四个大型卫星，统称伽利略卫星，其中木卫一和木卫二是岩态卫星，木卫三和木卫四则是岩冰混合卫星，跟普通行星一般大。

同组的四个卫星有着惊人的共同特性。每一组都有各自的大体规模、轨道平面、运行周期以及与木星的距离 [4 组的 4 个轨道平面倾角之和为 90°，正好是四分之一圆（99.9%）]。

土星有 30 多个卫星，大多数在令人称奇的土星环系中各就各位，协调排列，其中较大的卫星往往处于环系中较远的位置。有 3 个卫星远离环系之外——巨大的土卫六，小型的土卫七，以及更远处的土卫八。

第 47 页图中，展示了运行轨迹形成的协调图案，从上至下依次为：木星的大型卫星形成的图案和巨大的土卫六相关的图案，以及与带外行星海王星相关的两种图案。

太阳系鲜有不合群的因素，似乎处于一片和谐之中。

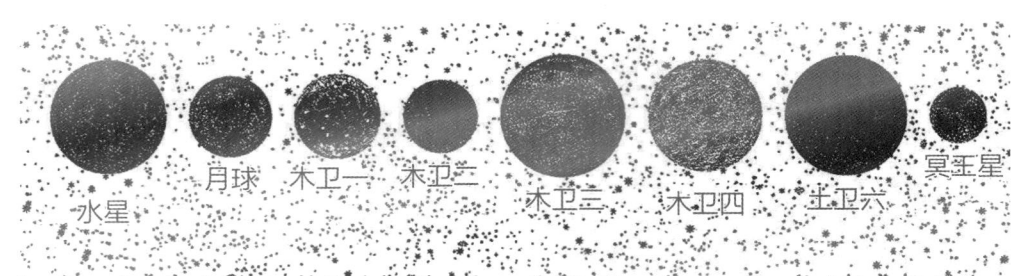

水星　月球　木卫一　木卫二　木卫三　木卫四　土卫六　冥王星

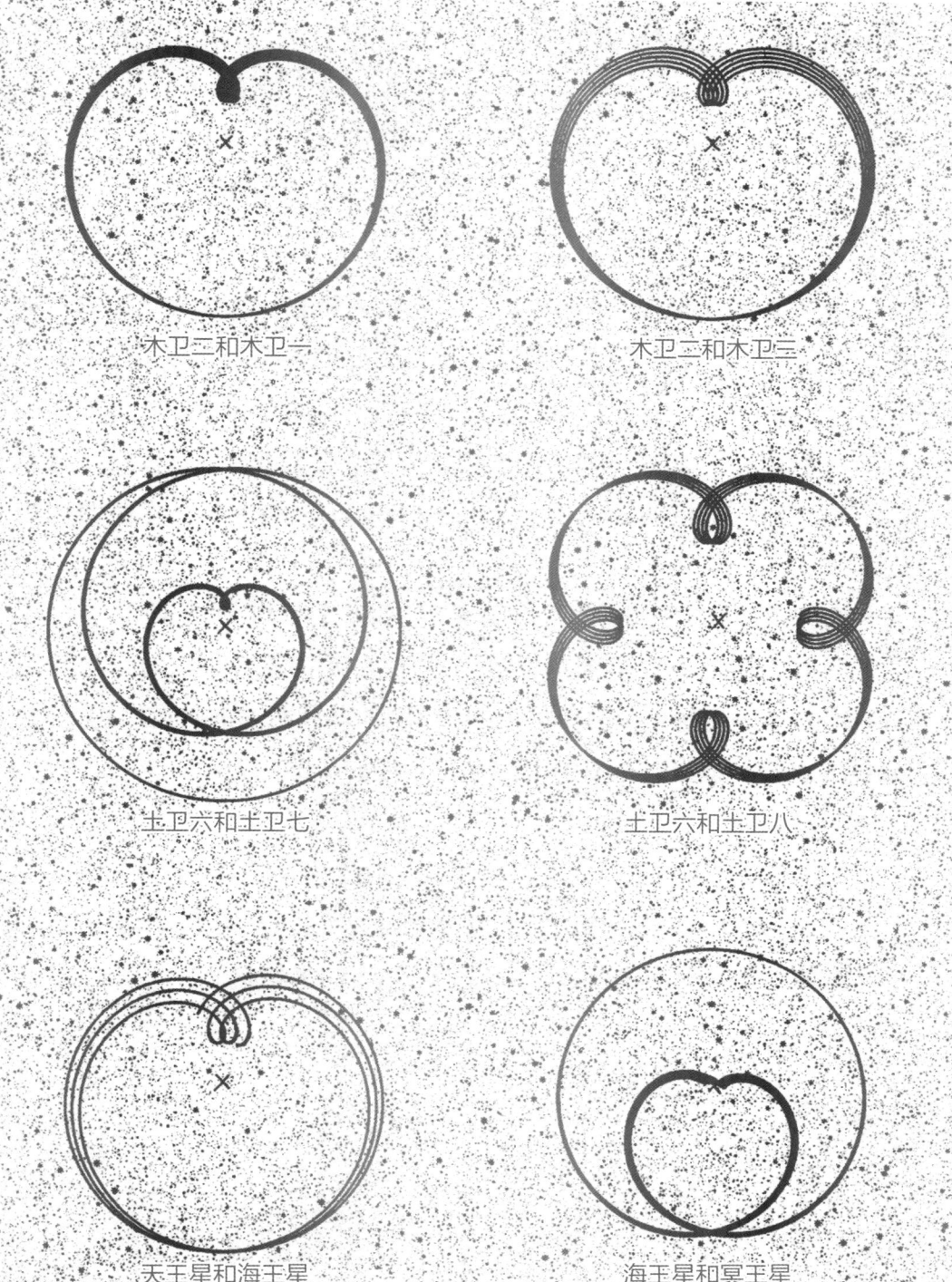

木卫三和木卫一　　　　　　　　　　木卫二和木卫三

土卫六和土卫七　　　　　　　　　　土卫六和土卫八

天王星和海王星　　　　　　　　　　海王星和冥王星

木星的巨大封印／巨大六芒星和定位小行星

JUPITER'S GIANT SEAL HUGE
HUGE HEXAGRAMS AND AFFIRMATORY
ASTEROIDS

木星是太阳系中最大的行星，古希腊人将它视为众神之王——宙斯。一对小行星群，即特洛伊小行星群（the Trojans），分别位于木星前方 60°和后方 60°（见第 49 页图），并与木星共享轨道。它们如同被车轮辐条固定，结成一体围绕着太阳永不停歇地运转。特洛伊小行星的位置，称为拉格朗日点（Lagrange Points），与太阳、木星共同构成引力平衡的等边三角形。

如果将第 49 页下图中的辐条连接起来（作为消遣也未尝不可），形成 3 个六芒星图形，进而从木星轨道得出地球的平均轨道（99.8%）——这是一个简单好记的诀窍。地球和木星的轨道结构关系，隐藏在每一个晶体中。图中由两个三角形构成的六芒星，又称"大卫之星"或"所罗门的封印"。

通过将 3 个立方体、3 个八面体，或是两者的任何三重组合体（见下图），利用球形进行嵌套，也可精确地得到同样的地-木比例。如果外球是木星的平均轨道，则内球就是地球的平均轨道！

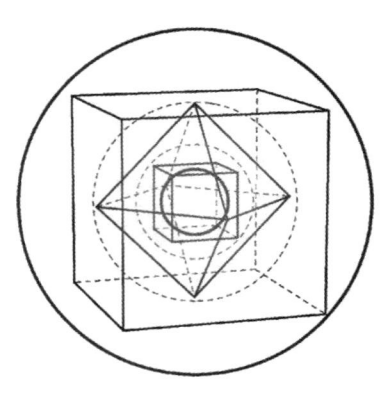 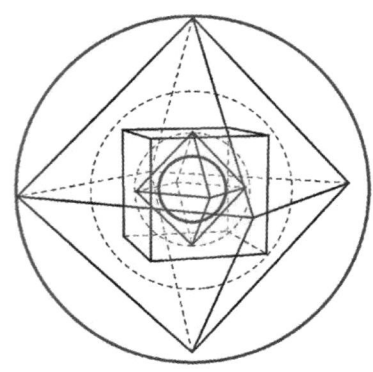

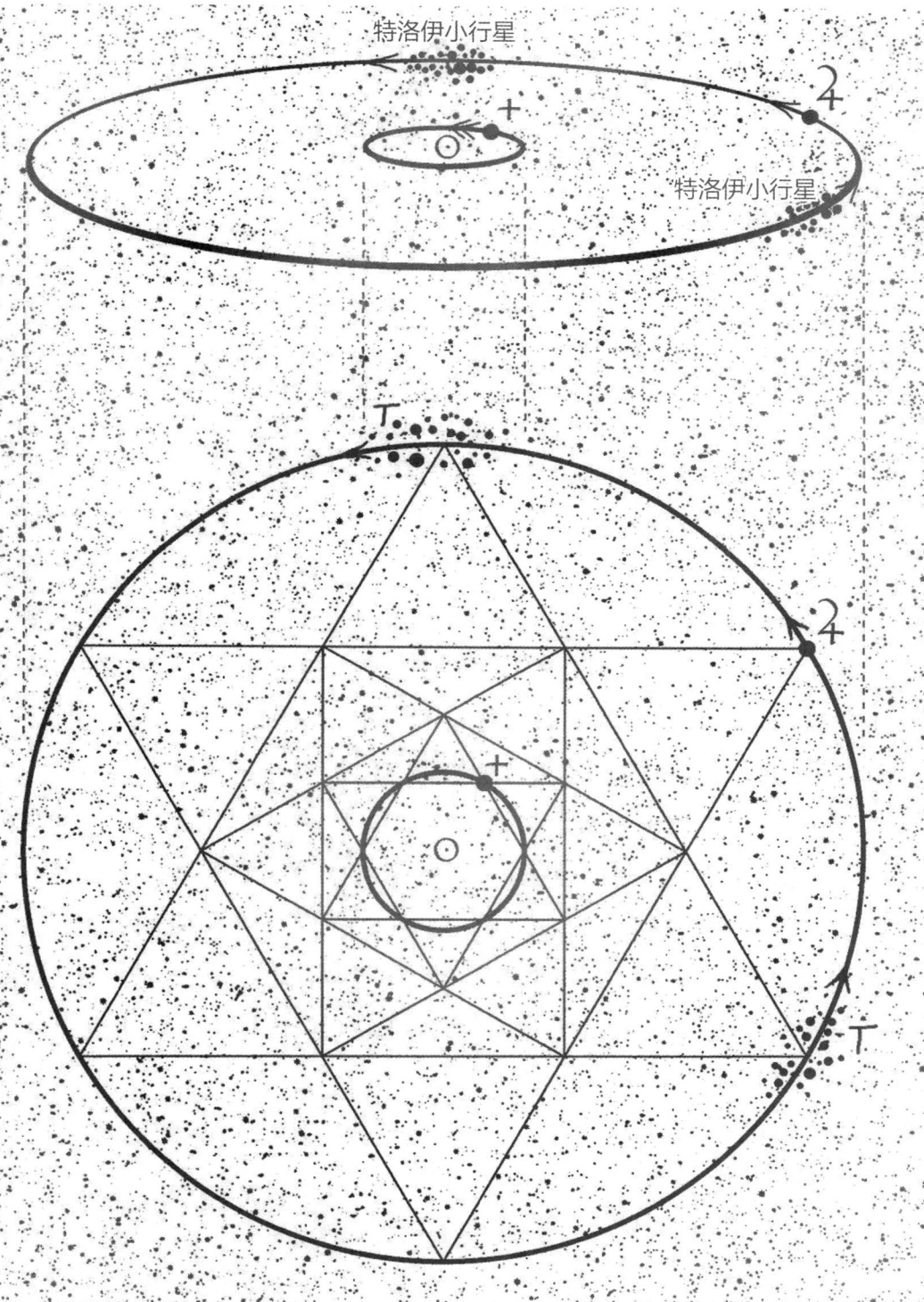

特洛伊小行星

特洛伊小行星

金色的钟 / 从地球看木星和土星
THE GOLDEN CLOCK
JUPITER AND SATURN SEEN FROM EARTH

　　木星和土星是太阳系中最大的两个行星。在古老的体系中，它们统治两个外部星球。古希腊神话中，土星是柯罗诺斯神，即时间之主。

　　如第 51 页上图所示，木星和土星之间的周期比为 2∶5。左上图中展示的运行轨迹如同优雅的舞步一般，美丽而和谐的三重模式跃然眼前，由于纤细偏差而缓慢地旋转。从地球上看，是每 20 年会合一次的木星与土星之间合与冲的周期。右上图的六角星，即是这些位置构成的图形——相合的位置标记于十二宫外，相对的位置则在十二宫内。两个行星沿着虚线标记的黄道，从 12 点位置起始以逆时针方向运行。木星的速度比土星快。

　　第 51 页下图中，展示了地球、木星和土星的相对速度。我们先看三者共同位于 12 点的连线。地球的速度比外部的两个行星快得多，365.242 天即可绕太阳一圈，随后继续绕行一小段时间并与慢吞吞的土星再次对齐会合（378.1 天）；3 周之后，与木星再次对齐（398.9 天）。理查德·希斯近来发现，在此时空中所定义的黄金分割，准确度竟然达到了 99.99%！

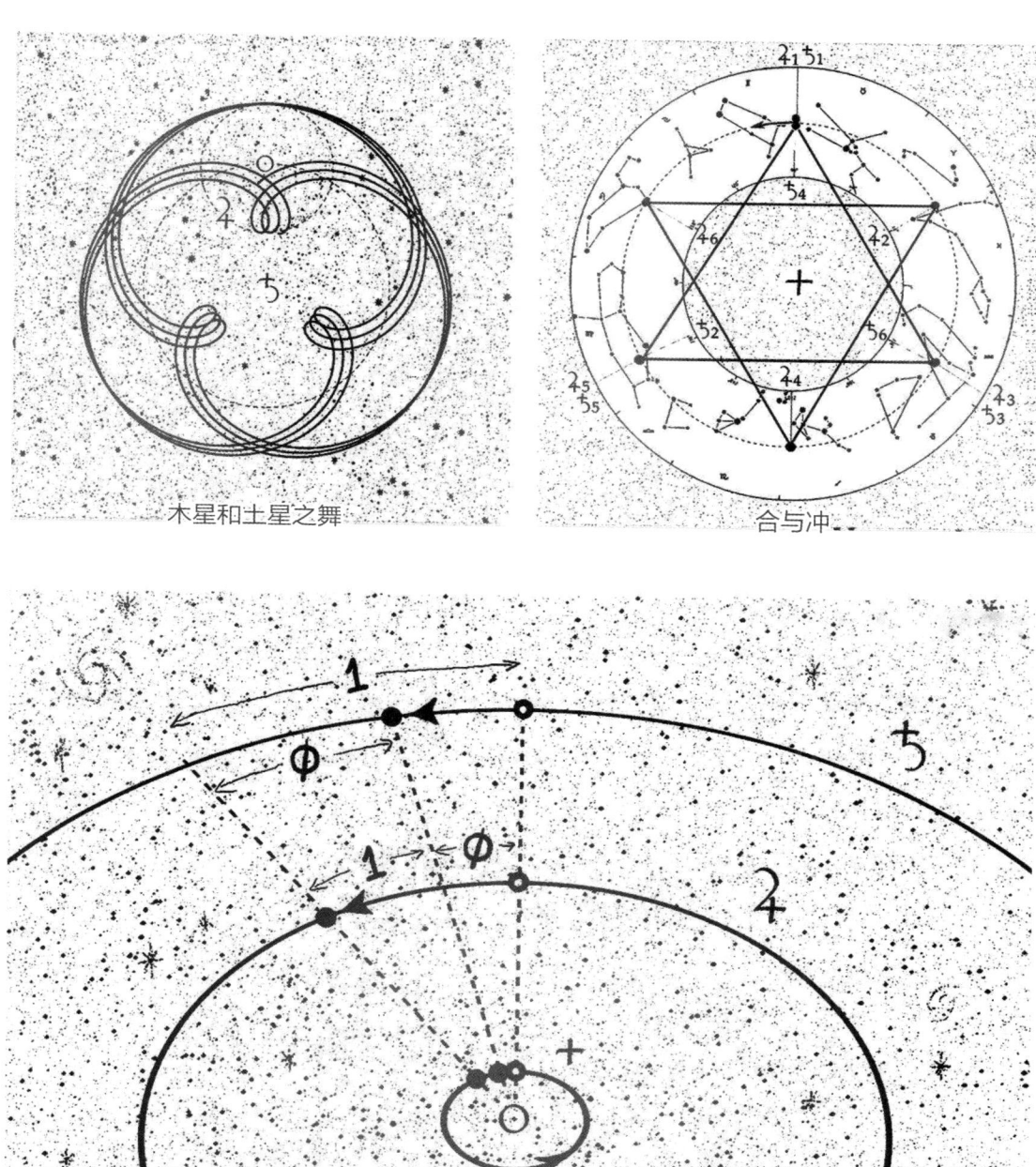

木星和土星之舞

合与冲

木星和土星的会合定义出黄金分割。

八度在那里 / 又是 3 和 8
OCTAVES OUT THERE
THREES AND EIGHTS AGAIN

如果你曾设想将木星、土星和天王星的轨道图案用于窗户或地板的设计中，那么第 53 页的图或许对你有所帮助。图中的等边三角形和八角星，分配了三个最大行星的外轨道、平均轨道和内轨道之间的比例，虽然有细微的误差，不过总体上完美匹配，一目了然而又便于记忆，足够实用。请看第 33 页右下图中，即在太阳系内侧前三个最大行星的相接圆图案的基础上进行尖角倒置。

利用一个等边三角形可以描绘八度音程（即频率或波长减半或加倍），这是因为它的内切圆的直径等于外接圆直径的一半。

再介绍一个经验法则：如果木星的轨道半径是 6，则土星的轨道半径就是 11（99.9%），两者之比，为月球和地球直径之比的 2 倍（见第 34 页）。

土星的轨道也恰好包含了 π，而且是两次。如下图所示，它的半径等于火星轨道的周长（99.9%），而其周长等于海王星轨道的直径（99.9%）。

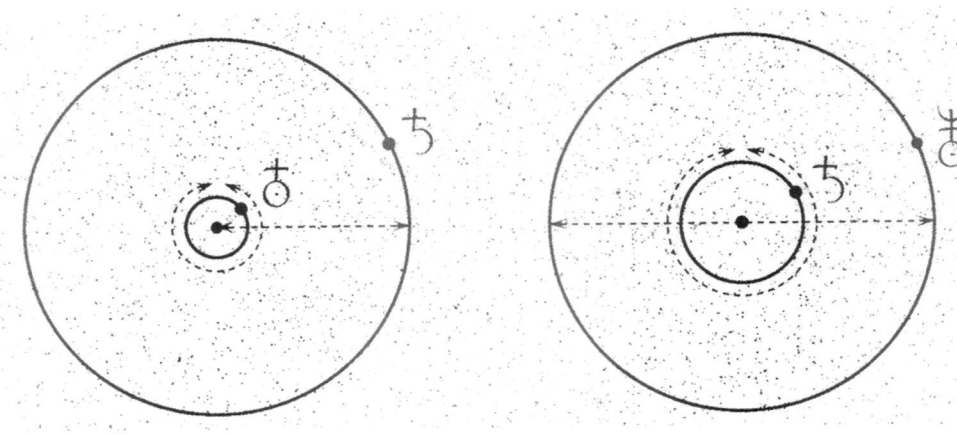

星系几何 / 比星星还遥远的地方
GALACTIC GEOMETRY
TO THE STARS AND BEYOND

　　进入太阳系的深处，会发现三角几何（triangular geometries）结构随处可见（见下图，99.9%）。与土星一样，天王星和海王星也有神奇的光环结构，其空隙处的微粒运行周期，与一个或多个卫星相协调。天王星明亮的外环的直径是它本身直径的 2 倍（99.9%），而海王星内环的规模是外环的三分之二（99.9%）。由于海王星的轨道周期约等于天王星的 2 倍（编注：海王星的公转周期为 164.8 年，而天王星的公转周期为 84 年），而海王星的轨道周期又约等于冥王星的三分之二（编注：冥王星公转周期约为 248 年），太阳系内侧行星的 1∶2∶3 轨道共振比例，在此得到了外在体现。

　　银河系即我们所在星系的平面，与黄道即太阳系的平面刚好倾斜 60°（见第 55 页，99.7%），由此形成了现代宇宙学中一个最为显著的对称。而且，太阳每年都会从银心穿越银河，在冬至点附近，地球、太阳系和银心近似连成一条线。或许你可以好好研究下本页和第 05 页的图像。

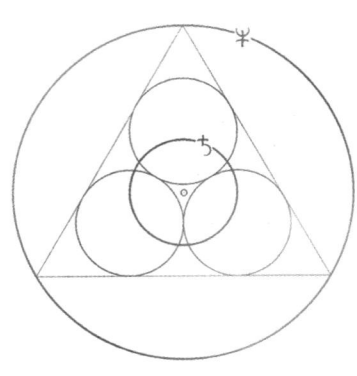

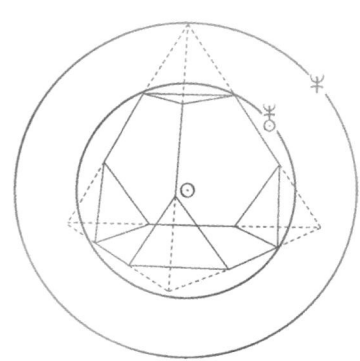

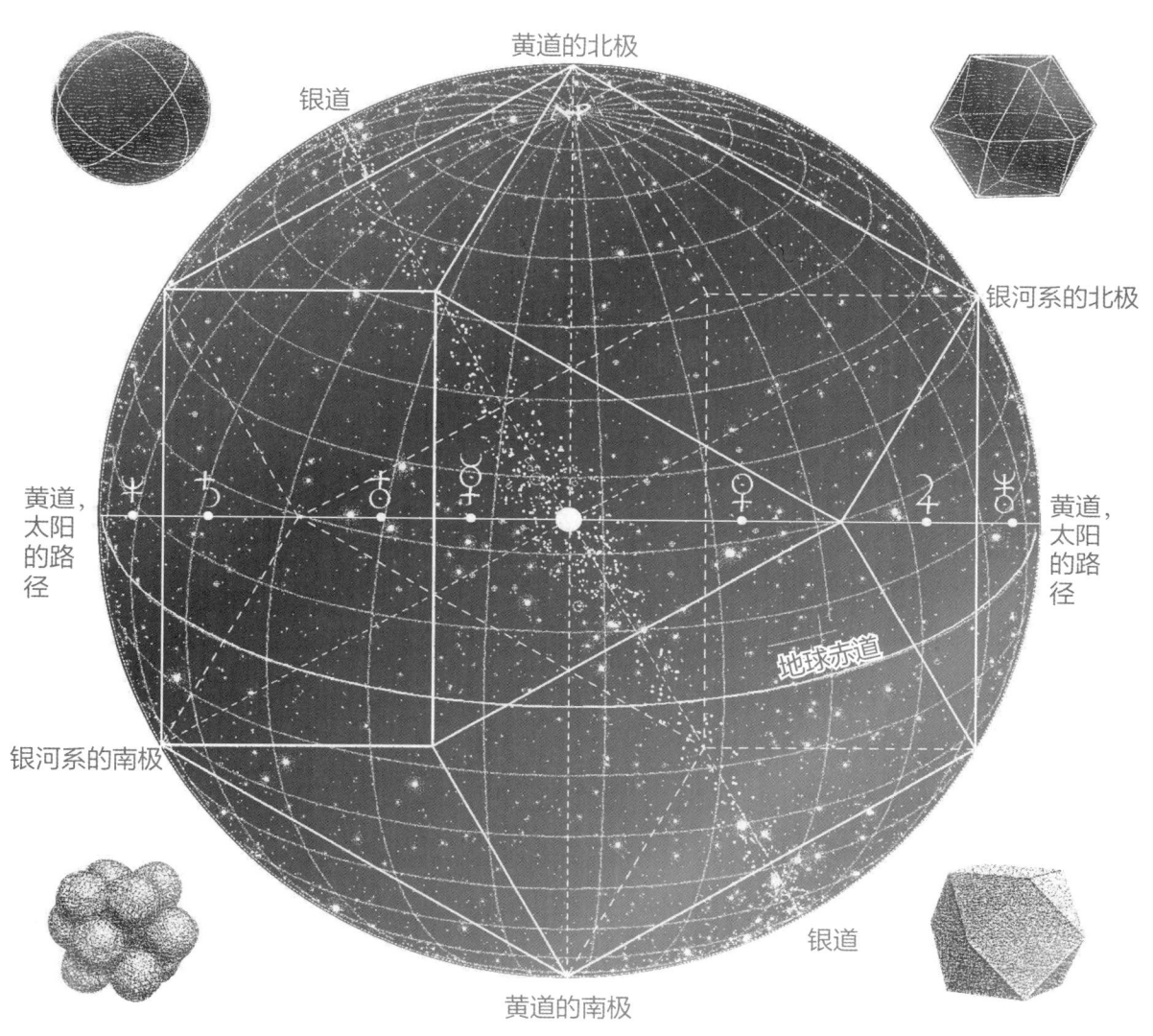

冬至之时，地球的北极与太阳背离并倾斜，而太阳正位于人马座附近。黄道和银河系的极点，界定出围绕我们的六边形的四个顶点。

冰晕 / 彩虹般的行星轨道

ICE HALOS
RAINBOWS WHERE PLANETS LIE

在平静的午后，若是运气够好，你会看到一对彩色的光点出现于太阳的左右，这种现象称为"假日"（又称幻日），是冰晕（围绕太阳的彩虹状光环）的前奏。假日与日晕是光通过大气层时受到冰晶的折射或反射而形成的，前者与太阳偏差22.5°，后者则偏差22°。有时，还会出现一个偏差46°的大日晕，其顶部是一个特殊的弧，整体看来则像是水星的古老符号。

令人称奇的是，从地球上看，大小日晕与两个内行星——水星和金星的平均轨道相匹配。也就是说，当你注视着一对日晕时，如同在看悬于空中的水星与金星的平均轨道。这两个日晕的图示，也体现了金星和火星的相对轨道。

这真是不可思议，每个圆都出现得恰到好处。日光与冰尘形成了彩虹般的圆形轨道；太阳和月亮看起来总是一般大。我们最近的邻居金星，在8年中（即13个金星年）的运行轨迹，形成了五重图案。而在地球上，5、8、13这三个数字，也常出现于植物的花瓣、萼片、果实等数目之中。这样的巧合随处可见，人类可是地球上的观察家。也许，有些事物的出现，本就与人类的意识相关。人类的观察行为，能否在一定程度上反映现实？在其他的星球上，是不是也有如此众多的、美丽而令人费解的巧合？

柏拉图曾说，事物结构的完美程度，远超我们的想象。太阳和月亮是如何保持平衡的？也许我们真的生活在一个有意识的全息量子宇宙之中？

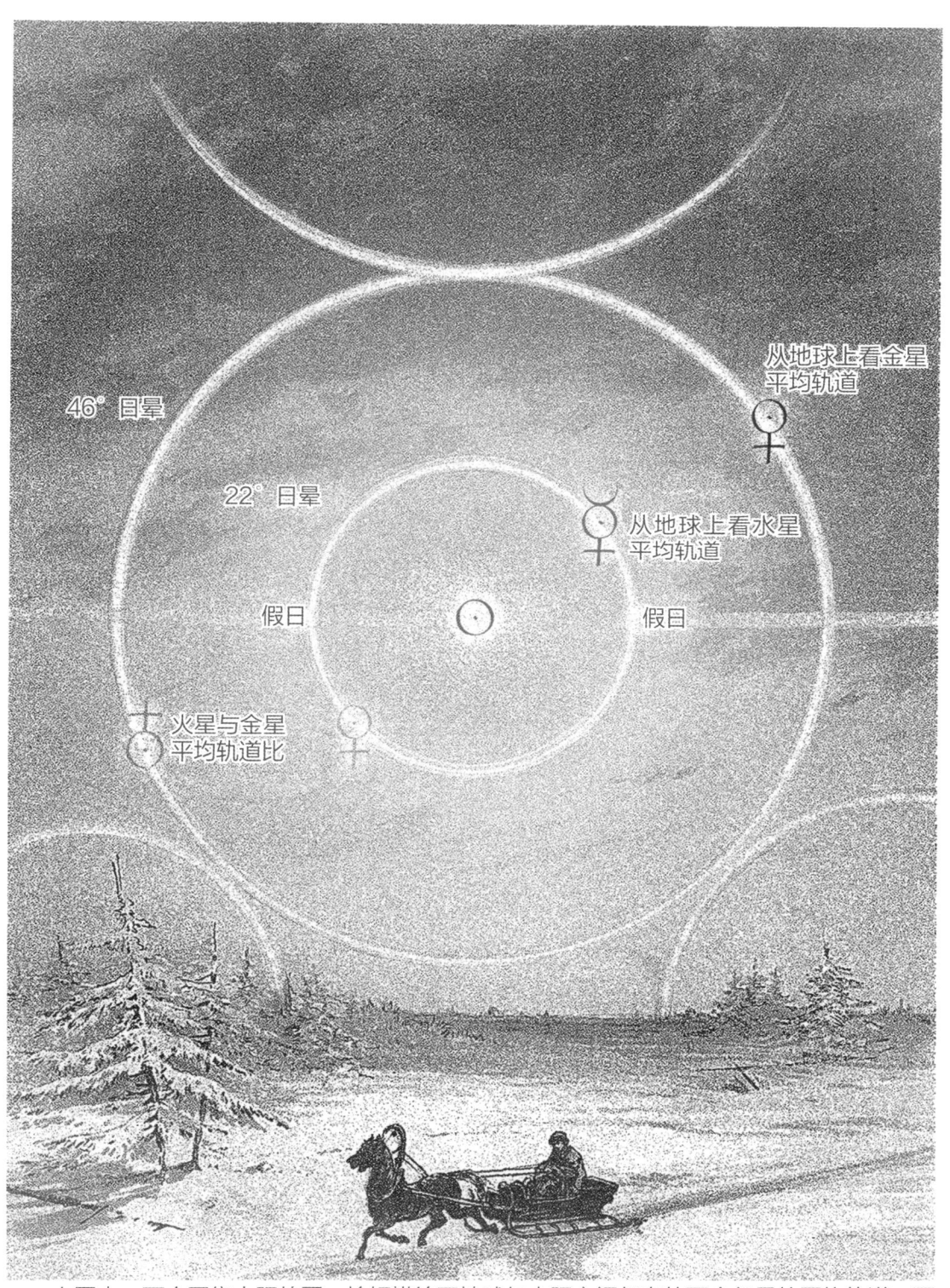

46° 日晕

22° 日晕

从地球上看金星
平均轨道

从地球上看水星
平均轨道

假日

假日

火星与金星
平均轨道比

上图中，两个围绕太阳的圆，恰好描绘了地球与太阳之间仅有的两个行星的平均轨道，而这个双重巧合的情景，只有从地球上才能看到。该图片根据弗拉马利翁 1885 年的版画修改。

57

星光闪闪的信号／地球生命的旁证
THE STARRY SIGNATURE
CIRCUMSTANTIAL EVIDENCE FOR LIFE ON EARTH

近几个世纪以来，新的科学发现不胜枚举。然而，人类目前仍无法理解自己究竟在做什么，如同古人无法造出袖珍计算器一样。不过，古人在深入思考的基础上提出，灵魂离不开应用艺术的滋养，比如几何与音乐。他们通过这些艺术，潜心研究"整体"与"少数"之间的关系——构成音乐所需的合调的音符，与构成几何体所需的契合的图形，都不需要太多。

本书以一些简单优美的示例，向你展现了太阳系中和谐的几何关系。自古与生命相关联的黄金分割，虽然在现代方程式中并不常见，却一直默默地围绕着地球。这是否在某种程度上解答了"我们为什么在这里"的问题呢？如果是，那么可否借此进一步寻找其他太阳系的智慧生命？

希望你享受阅读本书的过程，合上书本之后，浮现于脑海的宇宙能够比从前的印象更加美丽清晰。提醒一下，宇宙其实比现代宇宙学所描述的更具神秘感，不信就再读一读"金星之吻"这一章节，或是下面这首约翰·多恩的诗：

织一张网，撒向天空，
就拥有了天上的一切。
不愿攀登山峰，
不愿苦苦寻求，
通往天国的阶梯，
那么，就让天国为我们降临。

天狼星　猎户座　昂宿星团　60°

THE
BEAUTY
● F
SCIENCE
科学之美

附 录
APPENDICES

太阳和行星们
SUN & PLANETS

		近日点 (10⁶ 千米)	平均轨道 (10⁶ 千米)	远日点 (10⁶ 千米)	轨道偏心度	轨道倾斜度（度）	近日点经度（度）	轨道周期（天）	回归年（天）
太阳	☉								
水星	☿	46.00	57.91	69.82	0.205631	7.0049	77.456	87.969	87.968
金星	♀	107.48	108.21	108.94	0.006773	3.3947	131.53	224.701	224.695
地球	⊕	147.09	149.60	152.10	0.016710	0	102.95	365.256	365.242
火星	♂	206.62	227.92	249.23	0.093412	1.8506	336.04	686.980	686.973
谷神星	⚳	446.60	413.94	381.28	0.0789	10.58	???	1680.1	1679.5
木星	♃	740.52	778.57	816.62	0.048393	1.3053	14.753	4332.6	4330.6
土星	♄	1352.2	1433.5	1514.5	0.054151	2.4845	92.432	10759.2	10746.9
凯龙星	⚷	1266.2	2050.1	2833.9	0.38316	6.9352	339.58	18518	18512
天王星	♅	2741.3	2872.46	3003.6	0.047168	0.76986	170.96	30.685	30.589
海王星	♆	4444.4	4495.1	4545.7	0.0085859	1.7692	44.971	60190	59800
冥王星	♇	4435.0	5869.7	7304.3	0.24881	17.142	224.07	90465	90588

卫星们
MOONS

		卫星名	平均轨道 (10³ 千米)	轨道周期（天）	轨道偏心度	轨道倾斜度（度）	直径（千米）	质量 (10¹⁸ 千克)
地球	⊕	月球	384.8	27.3217	0.0549	5.145	3475	73490
火星	♂	火卫一	9378	0.31891	0.0151	1.08	22.4	0.0106
		火卫二	23459	1.26244	0.0005	1.79	12.2	0.0024
木星	♃	木卫一	421.6	1.7691	0.004	0.04	3643	89330
		木卫二	670.9	3.5512	0.009	0.47	3130	47970
		木卫三	1070	7.1546	0.002	0.21	5268	148200
		木卫四	1883	16.689	0.007	0.51	4806	107600
土星	♄	土卫三	294.66	1.8878	<0.001	1.86	1060	622
		土卫四	377.40	2.7369	0.0022	0.02	1120	1100
		土卫五	527.04	4.5175	0.0010	0.35	1528	2310
		土卫六	1221.8	15.945	0.33	0.33	5150	134550
		土卫八	3561.3	79.330	0.0283	14.7	1436	1590

自转周期(小时)	平均昼长(小时)	赤道直径(千米)	两极直径(千米)	轴倾角(度)	质量(10^{24}千克)	体积(10^{12}立方千米)	表面重力(米/秒^2)	表面压力(10^5帕)	均温(摄氏度)
600 816		1392000	1392000	7.25	1989100	1412000	274.0	0.000868	5505
1407.6	4222.6	4879.4	4879.4	0.01	0.3302	0.06083	3.70	negl.	167
-5832.5	280.20	12103.6	12103.6	177.36	4.8685	0.92843	8.87	92	464
23.934	24.000	12756.2	12713.6	23.45	5.9736	1.08321	9.78	1.014	15
24.623	24.660	6794	6750	25.19	0.64185	0.16318	3.69	0.007	-65
9.0744	9.0864	960	932	var.	0.00087	0.000443	negl.	negl.	-90
9.9250	9.9259	142984	133708	3.13	1 898.6	1431.28	23.12	100+	-110
10.656	10.656	120536	108728	26.73	568.46	827.13	8.96	100+	-140
5.8992	5.8992	208	148	???	0.000006	0.000024	negl.	negl.	???
-17.239	17.239	51118	49946	97.77	86.832	68.33	8.69	100+	-195
16.11	16.11	49528	48682	28.32	102.43	62.54	11.00	100+	-215
-153.29	153.28	2390	2390	122.53	0.0125	0.00715	0.58	negl.	-223

		卫星名	平均轨道(10^3千米)	轨道周期(天)	轨道偏心度	轨道倾斜度(度)	直径(千米)	质量(10^{18}千克)
天王星	♅	天卫五	129.39	1.4135	0.0027	4.22	235.7	66
		天卫一	191.02	2.5204	0.0034	0.31	578.9	1340
		天卫二	266.30	4.1442	0.0050	0.36	584.7	1170
		天卫三	435.91	8.7059	0.0022	0.14	788.9	3520
		天卫四	583.52	13.463	0.0008	0.10	761.4	3010
海王星	♆	海卫八	117.65	1.1223	0.0004	0.55	193	3
		海卫一	354.76	-5.8769	0.000016	157.35	2705	21470
		海卫二	5,5413	360.14	0.7512	7.23	340	20
冥王星	♀	冥卫一	19.6	6.3873	<0.001	<0.01	1186	1900

以上图表只列出了气态巨行星的主要卫星。截至 2001 年，已发现木星有 28 个卫星，土星有 30 个，天王星有 21 个，海王星有 8 个，也许还有更多卫星有待发现。地球上，两次满月之间是 29.5306 天。了解天文学有助于改善健康。

行星共舞
DANCES OF THE PLANETS

水星－金星

水星－地球

水星－火星

水星－谷神星

水星－木星

水星－土星

金星－地球

金星－火星

金星－谷神星

金星－木星

金星－土星

地球－火星

地球－谷神星　　　　　　　地球－木星　　　　　　　　地球－土星

地球－天王星　　　　　　　火星－谷神星　　　　　　　火星－木星

火星－土星　　　　　　　　火星－凯龙星　　　　　　　谷神星－木星

谷神星－土星　　　　　　　谷神星－凯龙星　　　　　　木星－土星

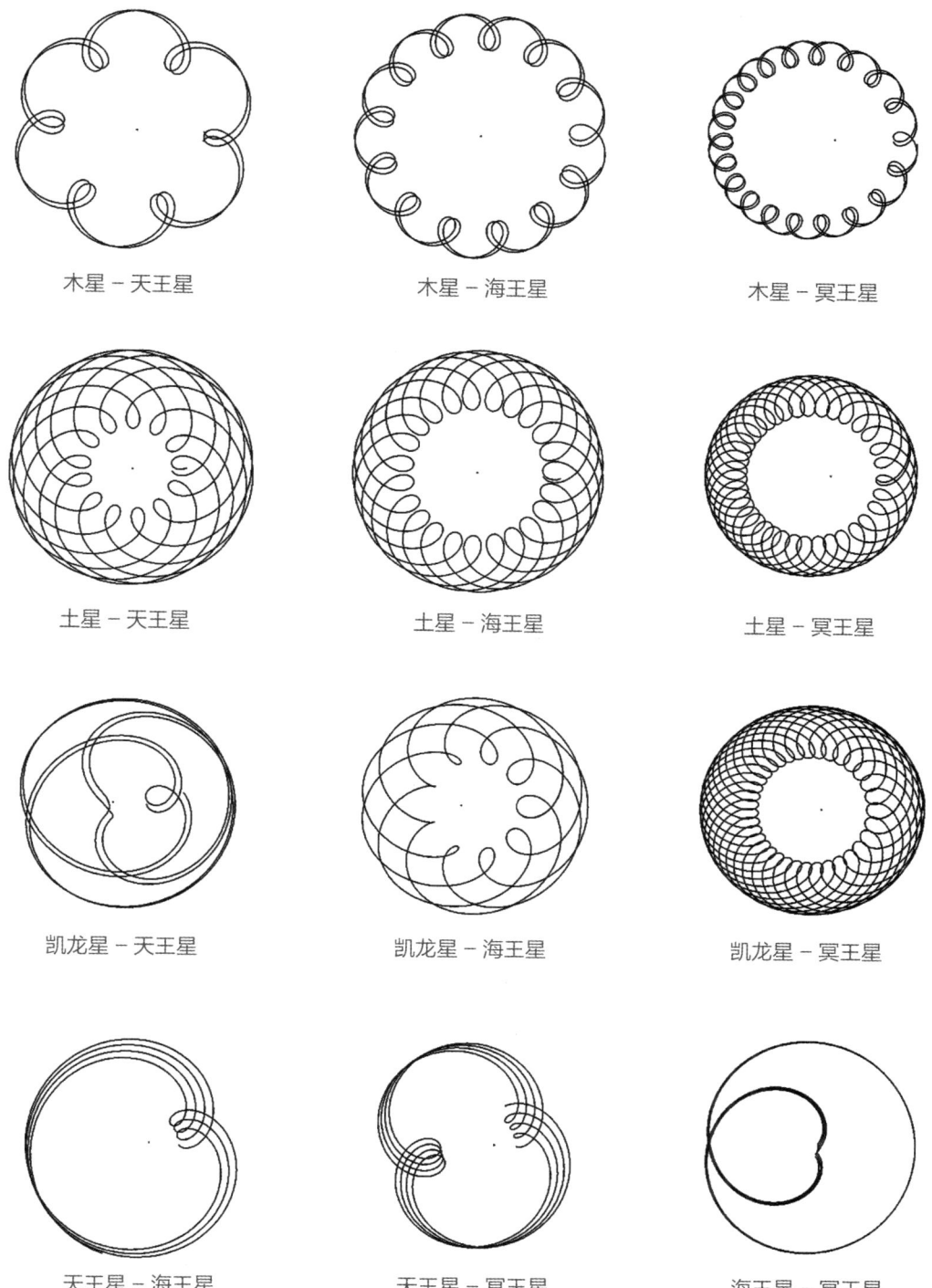

木星 – 天王星　　　木星 – 海王星　　　木星 – 冥王星

土星 – 天王星　　　土星 – 海王星　　　土星 – 冥王星

凯龙星 – 天王星　　　凯龙星 – 海王星　　　凯龙星 – 冥王星

天王星 – 海王星　　　天王星 – 冥王星　　　海王星 – 冥王星

图书在版编目（CIP）数据

宇宙巧合理论 ／（英）约翰·马蒂诺著 ；涂思茜译.
长沙 ：湖南科学技术出版社，2025. 6. -- （科学之美）.
ISBN 978-7-5710-3563-1

Ⅰ．P159-49

中国国家版本馆 CIP 数据核字第 2025D2X202 号

YUZHOU QIAOHE LILUN
宇宙巧合理论

著　　者：[英] 约翰·马蒂诺
译　　者：涂思茜
出 版 人：潘晓山
责任编辑：刘　英　李　媛
版式设计：王语瑶
责任美编：刘　谊
出版发行：湖南科学技术出版社
社　　址：长沙市芙蓉中路一段 416 号泊富国际金融中心
网　　址：http://www.hnstp.com
湖南科学技术出版社天猫旗舰店网址：
　　　　　http://hnkjcbs.tmall.com
邮购联系：0731-84375808
印　　刷：湖南关山美印有限公司
　　　　　（印装质量问题请直接与本厂联系）
厂　　址：湖南省长沙市宁乡市金洲镇关山社区 11 组
邮　　编：410604
版　　次：2025 年 6 月第 1 版
印　　次：2025 年 6 月第 1 次印刷
开　　本：787 mm×1092 mm　1/16
印　　张：5.25
字　　数：120 千字
书　　号：ISBN 978-7-5710-3563-1
定　　价：20.00 元
　　　　　（版权所有·翻印必究）